全国科学技术名词审定委员会

公　布

科学技术名词·工程技术卷（全藏版）

33

煤 炭 科 技 名 词

CHINESE TERMS IN COAL SCIENCE AND TECHNOLOGY

煤炭科技名词审定委员会

国家自然科学基金资助项目

科 学 出 版 社

北 京

内 容 简 介

本书是全国科学技术名词审定委员会审定公布的煤炭科技名词。全书分为煤炭科技总论，煤田地质与勘探，矿山测量，矿井建设，煤矿开采，矿山机械工程，矿山电气工程，煤矿安全，煤炭加工利用，煤矿环境保护十部分。共选入煤炭科技基本名词2 603条。这批名词是科研、教学、生产、经营以及新闻出版等部门应遵照使用的煤炭科技规范名词。

图书在版编目(CIP)数据

科学技术名词. 工程技术卷：全藏版 / 全国科学技术名词审定委员会审定.
—北京：科学出版社，2016.01

ISBN 978-7-03-046873-4

I. ①科…　II. ①全…　III. ①科学技术–名词术语　②工程技术–名词术语
IV. ①N-61 ②TB-61

中国版本图书馆 CIP 数据核字(2015)第 307218 号

责任编辑：邬　江 / 责任校对：陈玉凤
责任印制：张　伟 / 封面设计：铭轩堂

科学出版社 出版
北京东黄城根北街 16 号
邮政编码：100717
http://www.sciencep.com
北京厚诚则铭印刷科技有限公司印刷
科学出版社发行　各地新华书店经销
*
2016 年 1 月第 一 版　开本：787×1092 1/16
2016 年 1 月第一次印刷　印张：13.25
字数：410 000
定价：7800.00 元(全 44 册)
(如有印装质量问题，我社负责调换)

全国自然科学名词审定委员会
第三届委员会委员名单

特邀顾问：　吴阶平　　钱伟长　　朱光亚

主　　任：　卢嘉锡

副 主 任：　路甬祥　　章　综　　林　泉　　左铁镛　　马　阳

　　　　　　孙　枢　　许嘉璐　　于永湛　　丁其东　　汪继祥

　　　　　　潘书祥

委　　员　（以下按姓氏笔画为序）：

马大猷	王　夔	王大珩	王之烈	王亚辉
王树岐	王绵之	王窝骧	方鹤春	卢良恕
叶笃正	吉木彦	师昌绪	朱照宣	仲增墉
华茂昆	刘天泉	刘瑞玉	米吉提·扎克尔	
祁国荣	孙家栋	孙儒泳	李正理	李廷杰
李行健	李　竞	李星学	李焯芬	肖培根
杨　凯	吴凤鸣	吴传钧	吴希曾	吴钟灵
吴鸿适	沈国舫	宋大祥	张　伟	张光斗
张钦楠	陆建勋	陆燕荪	陈运泰	陈芳允
范维唐	周　昌	周明煜	周定国	罗钰如
季文美	郑光迪	赵凯华	侯祥麟	姚世全
姚贤良	姚福生	夏　铸	顾红雅	钱临照
徐　僖	徐士珩	徐乾清	翁心植	席泽宗
谈家桢	黄昭厚	康景利	章　申	梁晓天
董　琨	韩济生	程光胜	程裕淇	鲁绍曾
曾呈奎	蓝　天	褚善元	管连荣	薛永兴

煤炭科技名词审定委员会委员名单

编审人员

1. 煤炭科技总论

王定衡　刘听成　殷永龄　童光煦　王玉浚　吴绍倩　钱鸣高　汤德全
魏　同

2. 煤田地质与勘探

叶敦和　殷永龄　王煦曾　吴志莲　杨　起　韩德馨　毛邦倬　任朝凤
任德贻　吕代铭　李竞生　李德安　陈佩元　钮锡锦　高洪烈　黄治平
蔡炳文

3. 矿山测量

马伟民　殷永龄　周国铨　王定衡　王绍林　王金庄　马启勋　朱家钰
严映高　邹友峰　郭达志　虞万波

4. 矿井建设

崔云龙　殷永龄　沈季良　王树仁　田荣林　由中明　许　义　李通林
李世平　张全城　张书诚　高尔新　莫国宸　钟发楹

5. 煤矿开采

王祥麟　刘听成　肖长富　吴绍倩　徐永圻　骆中洲　潘惠正　殷永龄
王定衡　王玉浚　刘天泉　芮素生　宋振祺　洪允和　李海洲　金智求
徐光明　张先尘　张幼蒂　蒋国安　钱鸣高　鲜学福

6. 矿山机械工程

周公韬　张永壮　翟培祥　殷永龄　高　峰　骆中洲　孙尚勇　张家鉴
于学谦　冯家骅　孙玉蓉　李昌熙　周永昌　夏荣海　陶驰东　姜修尚
顾贻昌　张惠民　耿兆瑞　黄文元　黄慧敏　荆元昌

7. 矿山电气工程

朱建铭　顾永辉　沈世庄　殷永龄　陈　鲲　朱德林　何振杰　高绅麟
徐进式　俞济梁　盛德国　陈在学

8. 煤矿安全

余申翰　徐立德　殷永龄　于不凡　王　云　卢鉴章　吴泽源　李英俊
胡东林　赵以蕙　黄元平　咸颖敏　周世宁

9. 煤炭加工利用

由中明　高　峰　陈　鹏　殷永龄　王佩兰　俞其昌　武　腾　于尔铁
吴大为　吴式瑜　吴春来　李文林　罗颖都　杨金和　张荣曾　谢可玉
戴和武

10. 煤矿环境保护

叶立贞　殷永龄　王定衡　顾　强　程经权　张雁秋　杨信荣

序

　　科技名词术语是科学概念的语言符号。人类在推动科学技术向前发展的历史长河中,同时产生和发展了各种科技名词术语,作为思想和认识交流的工具,进而推动科学技术的发展。

　　我国是一个历史悠久的文明古国,在科技史上谱写过光辉篇章。中国科技名词术语,以汉语为主导,经过了几千年的演化和发展,在语言形式和结构上体现了我国语言文字的特点和规律,简明扼要,蓄意深切。我国古代的科学著作,如已被译为英、德、法、俄、日等文字的《本草纲目》、《天工开物》等,包含大量科技名词术语。从元、明以后,开始翻译西方科技著作,创译了大批科技名词术语,为传播科学知识,发展我国的科学技术起到了积极作用。

　　统一科技名词术语是一个国家发展科学技术所必须具备的基础条件之一。世界经济发达国家都十分关心和重视科技名词术语的统一。我国早在1909年就成立了科技名词编订馆,后又于1919年中国科学社成立了科学名词审定委员会,1928年大学院成立了译名统一委员会。1932年成立了国立编译馆,在当时教育部主持下先后拟订和审查了各学科的名词草案。

　　新中国成立后,国家决定在政务院文化教育委员会下,设立学术名词统一工作委员会,郭沫若任主任委员。委员会分设自然科学、社会科学、医药卫生、艺术科学和时事名词五大组,聘任了各专业著名科学家、专家,审定和出版了一批科学名词,为新中国成立后的科学技术的交流和发展起到了重要作用。后来,由于历史的原因,这一重要工作陷于停顿。

　　当今,世界科学技术迅速发展,新学科、新概念、新理论、新方法不断涌现,相应地出现了大批新的科技名词术语。统一科技名词术语,对科学知识的传播,新学科的开拓,新理论的建立,国内外科技交流,学科和行业之间的沟通,科技成果的推广、应用和生产技术的发展,科技图书文献的编纂、出版和检索,科技情报的传递等方面,都是不可缺少的。特别是计算机技术的推广使用,对统一科技名词术语提出了更紧迫的要求。

　　为适应这种新形势的需要,经国务院批准,1985年4月正式成立了全国自然科学名词审定委员会。委员会的任务是确定工作方针,拟定科技名词术语审定工作计划、实施方案和步骤,组织审定自然科学各学科名词术语,并予以公布。根据国务院授权,委员会审定公布的名词术语,科研、教学、生产、经营以及新闻出版等各部门,均应遵照使用。

全国自然科学名词审定委员会由中国科学院、国家科学技术委员会、国家教育委员会、中国科学技术协会、国家技术监督局、国家新闻出版署、国家自然科学基金委员会分别委派了正、副主任担任领导工作。在中国科协各专业学会密切配合下,逐步建立各专业审定分委员会,并已建立起一支由各学科著名专家、学者组成的近千人的审定队伍,负责审定本学科的名词术语。我国的名词审定工作进入了一个新的阶段。

这次名词术语审定工作是对科学概念进行汉语订名,同时附以相应的英文名称,既有我国语言特色,又方便国内外科技交流。通过实践,初步摸索了具有我国特色的科技名词术语审定的原则与方法,以及名词术语的学科分类、相关概念等问题,并开始探讨当代术语学的理论和方法,以期逐步建立起符合我国语言规律的自然科学名词术语体系。

统一我国的科技名词术语,是一项繁重的任务,它既是一项专业性很强的学术性工作,又涉及到亿万人使用习惯的问题。审定工作中我们要认真处理好科学性、系统性和通俗性之间的关系;主科与副科间的关系;学科间交叉名词术语的协调一致;专家集中审定与广泛听取意见等问题。

汉语是世界五分之一人口使用的语言,也是联合国的工作语言之一。除我国外,世界上还有一些国家和地区使用汉语,或使用与汉语关系密切的语言。做好我国的科技名词术语统一工作,为今后对外科技交流创造了更好的条件,使我炎黄子孙,在世界科技进步中发挥更大的作用,作出重要的贡献。

统一我国科技名词术语需要较长的时间和过程,随着科学技术的不断发展,科技名词术语的审定工作,需要不断地发展、补充和完善。我们将本着实事求是的原则,严谨的科学态度作好审定工作,成熟一批公布一批,提供各界使用。我们特别希望得到科技界、教育界、经济界、文化界、新闻出版界等各方面同志的关心、支持和帮助,共同为早日实现我国科技名词术语的统一和规范化而努力。

全国自然科学名词审定委员会主任

钱 三 强

1990 年 2 月

前　言

　　煤炭科学技术是关于煤炭开发与利用的一门工程类科学技术,它既是一门历史悠久的学科,也是一门不断发展和进步的综合性科学技术。

　　煤炭科技名词的审定和统一是一项非常重要的基础工作。近十余年来煤炭界已经对部分专业开展了术语标准化工作,取得一定成绩。但是全面系统的审定和统一工作,过去没有进行过,术语的研究和规范化工作尚嫌不足,因此仍然存在着一定的术语混乱现象。迫切需要进行全面系统地审定与统一,以利于学科的发展,适应科研、教学、生产、科技交流等方面的需要。

　　1990 年 8 月受全国自然科学名词审定委员会(以下简称全国委员会)的委托,中国煤炭学会组成了煤炭科技名词审定委员会,开始了对煤炭科技名词的审定工作。多年来在全国委员会和中国煤炭学会的领导下,组织了 250 多位专家参与此项工作,其中直接参加编写和审定的达 120 人;发出征求意见稿 450 余份,收到书面修改意见万余条。我们还先后召开全体委员会 3 次,经过反复讨论、修改,四易审稿,于 1994 年元月完成了本批词条的四审稿,并上报全国委员会。后经全国委员会终审,又进行了两次修订,并在煤炭界小规模试用,才完成本书。

　　本批公布的规范名词共 2 603 条,按煤炭科学技术的主要专业划分为 10 部分,以便于审定、检索和查阅。每条名词都给出了国外文献中较常用的相应英文词,并列有定义,使其代表的概念得以确定,提高了这些名词的规范性和使用价值。

　　根据全国委员会制定的"自然科学名词审定的原则和方法",本次煤炭科技名词审定工作力求从学科概念出发,贯彻一词一义的原则,以及定名的科学性、系统性、简明通俗性和约定俗成等原则,以求达到名词的统一。在收词时,为了照顾学科的完整性及读者使用方便,适当列入了一些本属于其它学科但对煤炭科技很重要,或常用的名词。

　　在审定中对一些比较混乱的术语进行了反复磋商、推敲,确定了规范名,举例如下:

　　1. 对不剥离表土而由人进入地下进行开采的方式一向称为"井工开采"或"地下开采",而以前一种叫法居多。这次我们首先推荐使用的却是"地下开采"。因为"地下开采"和国际通用的术语一致,体现了国际性的原则。不论英文的 underground mining ,还是俄文的 подземная разработка 都是"地下开采"的含义。其次,"地下开采"一词可以与"露天开采(surface mining)"相对应,体现了系统性原则。再者,"井工"不能完全表达"地下"的概念,井仅指立井或斜井,不包括平硐,而用平硐开拓的开采方式 显然也属于"地下开采"。根据同样道理,推荐使用"地下矿"代替"井工矿"。

2."采煤"、"开采"与"回采"是经常混用的三个词,实际三者的概念是有区别的。在英文中 mining(采煤)、exploitation(近似于开采)、extraction(或 winning,回采)也有相同的问题。但在英文的词典、规程、教科书等正规文献中,三个词的用法是有明确区别的。这次审定时,考虑到这些词的影响面较大,硬性统一容易引起新的混乱,便对某些词采用了保持习用性的原则,有待将来逐步统一。这样就出现了极少数词条之间中英文用词不完全对应的情况,如"采煤学(coal mining)","采煤工艺(coal winning technology)","前进式开采(advancing mining)","协调开采(harmonic extraction)"等,请读者注意。

3. 过去在某些文献中,"冒落(roof fall)"与"垮落(roof caving)"往往作为同义词使用,实际上是两个概念。前者是发生在工作区的、事故性的岩石坠落,而后者是发生在采空区的,预期的岩石坠落。所以"冒顶"不能称为"垮顶";同样,"垮落带"、"全部垮落法"也不能称为"冒落带"、"全部冒落法"。这次审定时将其作了区分。

4."回采率"一词在煤炭界用得很多。其概念是"采出煤量占动用储量的百分率"。而采出煤量不仅包括回采煤量,也包括掘进煤量及其它回收煤量,在生产统计时很难将这些煤量分开。故称"采出率"比较确切,对应英文为 recovery ratio。真正的"回采率"英文为 extraction ratio,是指"已采面积占总面积的百分率",只能靠图纸计算或估算得出。

5."煤层生产能力"这一术语科学性较差,因为生产能力只有生产者或生产者使用的工具才能具有,而被生产或加工的对象,如原料、土地或煤层是不具备生产能力的。这次改为"煤层产出能力"。

6. 关于"半煤岩巷",按照定义凡在巷道中煤(或岩石)的断面积占巷道总断面积的百分率在20%到80%之间的都属"半煤岩巷"。可见原来的"半"字欠准确。这次推荐使用"煤－岩巷"就比较确切,并且和英文的 coal-rock drift 完全对应。

7. 为了某种目的在长壁工作面超前开出的空间称为"缺口",也有称"切口"、"机窝"、"壁龛"的。经研究,决定称"切口"。因为"缺口"是一个用处广泛的普通词汇,"机窝"属俗语,"壁龛"用字太冷僻,而"切口"较好地表达了"采煤机切入煤壁之口"的意思,比较贴切。

8."瓦斯"一词是泛指有毒、有害气体的外来语,在不同行业具体所指的气体有所不同。在煤炭界,习惯上指"煤层气"或以煤层气为主的有害气体。由于该词使用广泛,历史悠久,难以用其它词完全代替。应注意的是凡能明确指某种或某几种气体时,就应直接用该气体的确切名称(如甲烷、二氧化碳、硫化氢等)而不要笼统地用瓦斯代替。

9."煤田地质学"与"煤地质学","煤级"与"煤阶","基本顶"与"老顶"等少数词一时难于统一,采用又称"××"方式处理。以求将来逐渐统一。

10."挖底"一词原来都称为"卧底"。按语文词典,"卧底"属于方言,其含义与这里要表达的概念大相径庭。本次审定确定用"挖底"。

11. 压力与压强在物理学中是不能混淆的两个概念,但在煤炭界习惯于只用压力词,我们采用注明的办法,请读者注意。

12. 人名译名已经过全国委员会的译名协调委员会审定。个别译名虽仍不规范,如"鲁奇(Lurgi)"应规范为"卢尔吉",但因已约定俗成,如改动影响面较大,故仍保留。

类似变动,还有很多,不一一例举。总之在审定中我们力求全面、恰当地贯彻审定名词的各项原则,使名词的质量有所提高,利于今后名词的使用。

殷永龄同志作为审定工作的实施负责人,在审定工作中自始至终做了大量工作,包括对全书的组织、编排和文稿加工。

本书在编写和修改过程中,受到了有关单位和专家、学者的热情支持,曾收到百余位专家的宝贵审查意见。汤德全、王定衡、沈季良、魏同4位教授应邀进行了复审,对提高这次公布的名词质量帮助很大,特表谢意!

希望读者在使用过程中提出意见,以便今后不断补充、修订。

煤炭科技名词审定委员会

1996 年 3 月

编 排 说 明

一、本批公布的名词是煤炭科技第一批基本名词。

二、全书正文按主要分支学科分为煤炭科技总论,煤田地质与勘探,矿山测量,矿井建设,煤矿开采,矿山机械工程,矿山电气工程,煤矿安全,煤炭加工利用,煤矿环境保护十部分。

三、每部分的汉文名按学科的相关概念排列,每个汉文名后附有与其概念相同的符合国际用法的英文名或其他外文名。

四、每个汉文名都附有相应的定义性注释。当一个汉文名有两个不同的概念时,则用"(1)"、"(2)"分开。

五、英文名首字母大、小写均可时,一律小写;英文名除必须用复数者,一般用单数;英文名一般用美式拼法。

六、规范名的主要异名放在定义的前面,用楷体表示。"又称"、"全称"、"简称"、"俗称"可继续使用,"曾称"为不再使用的旧名。

七、在定义中同时解释了其他概念的名词,用楷体表示,并编入索引。

八、条目中的"[ ]"表示可省略部分。

九、正文后所附的英文索引按英文字母顺序排列;汉文索引按汉语拼音顺序排列。所示号码为该词在正文中的序号。

十、索引中带"＊"者为规范名的异名和定义中出现的词目。

十一、文中凡出现"压力(压强)"的形式,表示所指概念为压强,其单位为 Pa 或 MPa。

目 录

01. 煤炭科技总论

01.001 煤炭科学 coal science
研究煤炭及其开采和加工利用的各种学科。

01.002 煤炭技术 coal technology
与煤炭开采及其加工利用直接密切相关的各种实用技术。

01.003 化石燃料 fossil fuel
又称"化石能源"。古代生物遗体在特定地质条件下形成的,可作燃料和化工原料的沉积矿产。包括煤、油页岩、石油、天然气等。

01.004 固体可燃矿产 solid combustible mineral
曾称"固体可燃有机岩"。呈固态的化石燃料。包括煤、油页岩、石煤、地沥青等。

01.005 煤[炭] coal
古代植物遗体经成煤作用后转变成的固体可燃矿产。

01.006 无烟煤 anthracite
煤化程度高的煤。其挥发分低、密度大、燃点高、无粘结性、燃烧时多不冒烟。

01.007 烟煤 bituminous coal
煤化程度低于无烟煤而高于褐煤的煤。其特点是挥发分产率范围宽,单独炼焦时从不结焦到强结焦均有,燃烧时有烟。

01.008 硬煤 hard coal
欧洲对烟煤、无烟煤的统称。指恒湿无灰基高位发热量不低于 24MJ/kg, 镜质组平均随机反射率不小于 0.6% 的煤。

01.009 褐煤 lignite, brown coal
煤化程度低的煤,其外观多呈褐色,光泽暗淡,含有较高的内在水分和不同数量的腐植酸。

01.010 石煤 stone-like coal
主要由菌藻类植物遗体在早古生代的浅海、潟湖、海湾环境下经腐泥化作用和煤化作用转变成的低热值、高煤化程度的固体可燃矿产。含大量矿物质,以外观似黑色岩石而得名。

01.011 矸石 refuse, waste, dirt, debris
又称"废石";曾称"矸子"、"碴石"、"洗矸"。煤炭生产过程中产生的岩石统称。包括混入煤中的岩石、巷道掘进排出的岩石、采空区中垮落的岩石、工作面冒落的岩石以及选煤过程中排出的碳质岩等。

01.012 煤田 coalfield
同一地质时期形成,并大致连续发育的含煤岩系分布区。面积一般由几十到几百平方公里。

01.013 矿区 mining area
统一规划和开发的煤田或其一部分。

01.014 矿田 mine field
煤田内划归一个矿山开采的部分。地下开采的矿田又称"井田(underground mine field)";露天开采的矿田又称"露天矿田 (surface mine field)"。

01.015 矿[山] mine
(1) 广义:指有完整独立的生产系统,经营管理上相对独立的矿产品生产单位。
(2) 狭义:指矿井或露天采场。

01.016 煤矿 coal mine, colliery

生产煤炭的矿山。

01.017 地下矿 [underground] mine
又称"井工矿"。地下开采的矿山。

01.018 露天矿 surface mine
露天开采的矿山。

01.019 矿井 [underground] mine
组成地下矿完整生产系统的井巷、硐室、装备和地面构筑物的总称。

01.020 煤岩学 coal petrology
用岩石学方法研究煤的物质成分、性质、成因和工艺用途的学科。

01.021 煤[田]地质学 coal geology
研究煤、煤层、含煤岩系、煤田及与煤共生矿产的成分、成因、性质和分布规律的学科。

01.022 煤田地质勘探 coal exploration,
coal prospecting
又称"煤炭资源地质勘探"。寻找和查明煤炭资源的地质工作。即找煤、普查、详查、精查等地质勘探工作。

01.023 矿山测量[学] mine surveying,
Markscheidewesen(德)
以测量手段建立矿山空间几何信息体系,用以指导矿山工程实施,监督矿产资源合理开发和处理开采沉陷等问题的学科。

01.024 矿山建设 mine construction
井巷或剥离的基建施工、矿场建筑和机电设备安装三类工程的总称。

01.025 采煤 coal mining
煤炭生产的全部过程和工作。

01.026 回采 coal winning, coal extraction, coal getting
从采煤工作面采出煤炭的工序。

01.027 采煤学 coal mining
研究煤炭开采技术及其内部规律性的学科。

01.028 地下开采 underground mining,
deep mining
又称"井工开采"。通过开掘井巷采出煤炭或其它矿产品的工作。

01.029 露天开采 surface mining, open-cast mining
直接从地表揭露并采出煤炭或其它矿产品的工作。

01.030 露天采矿学 surface mining
研究矿床剥离和露天开采技术及其内部规律性的学科。

01.031 采矿岩石力学 mining rock mechanics
又称"矿山岩体力学"。研究矿床开采过程中矿压显现、岩层移动和地表沉陷规律及其有效控制的采矿工程学科分支。

01.032 采矿系统工程 mining system engineering
根据采矿工作的内在规律和基本原理,以系统论和现代数学方法研究和解决采矿工程综合优化问题的采矿工程学科分支。

01.033 矿床模型 model of mineral deposit
用数字、字母、符号、图形描述矿床赋存特征、性质及其分布的一组数学表达式和计算机程序。

01.034 采矿系统优化模型 model of mining system optimization
用数字、字母、符号描述某种采矿系统的目标、约束、结构和决策变量,以及它们之间关系的一组数学表达式、图表或一组程序。

01.035 煤矿机械 coal mine machinery
主要用于煤矿的采掘、支护、选煤等生产过程的矿山机械。

01.036 矿山机械工程 mine mechanical engineering

研究矿山机械的工作原理,设计,制造,使用和维护等的学科。

01.037 矿山运输[学] mine transportation, mine haulage

研究矿区内各种运输方式(包括输送机输送、车辆运输、重力运输、水力输送等)的学科。

01.038 矿山提升[学] mine hoisting, winding

曾称"矿山卷扬"。研究矿山中各种提升方式(包括机械、水力提升,立井、斜井提升,主井、副井提升等)的学科。

01.039 矿山电气工程 mine electric engineering, mine electrotechnics

简称"矿山电工"。研究在矿山条件下,电气工程应用理论和技术的学科。

01.040 矿井通风[学] mine ventilation, underground ventilation

研究矿井中大气成分、风流运动规律及向矿井输送新鲜空气,以改善矿内气候与环境条件等问题的学科。

01.041 煤矿安全 mine safety

又称"矿山安全"。研究煤矿中瓦斯、矿尘、水、火、电、围岩等因素的危害和灾害,及其监测、处理和防治技术的学科。

01.042 煤炭环境保护 coal environmental control, enviromental protection in coal mining

研究煤炭开采、储运、加工利用等过程引起的环境问题及其监测、评价和防治活动的学科。

01.043 煤炭加工 coal processing

为提高煤质或煤炭利用价值以获得适合不同需要的商品煤或煤制品,应用各种[机械、物理、化学等]方法对原煤进行的处理工作。

01.044 煤炭综合利用 coal utilization, comprehensive utilization of coal

对煤炭深加工得到多种产品以提高煤炭利用价值,或对低热值煤,矸石、煤层或围岩中伴生或共生的矿物或元素,煤层气以至粉煤灰等进行的回收、提取和加工利用的工作。

01.045 选煤 coal preparation, coal cleaning

曾称"洗煤"。将采出的煤经人工和机械处理除去非煤物质,并按需要分成不同质量、规格产品的过程。分"干法选煤(dry coal preparation)"和"湿法选煤(wet coal preparation)"两种。

01.046 煤化学 coal chemistry

研究煤的成因、组成、结构、性质、分类和反应及其相互关系,并阐明煤作为燃料和原料利用中的有关化学问题的学科。

01.047 煤转化 coal conversion

煤通过热加工或化学加工获得热能或化学制品的过程。

01.048 煤炭地下气化 underground coal gasification

将地下煤炭通过热化学反应在原地转化为可燃气体的技术。

01.049 洁净煤技术 clean coal technology

煤炭在开发和利用过程中旨在减少污染与提高利用效率的加工、燃烧、转化及污染控制等技术。

01.050 标准煤 coal equivalent

又称"煤当量"。能源的统一计量单位。凡能产生 29.27MJ 低位热量的任何能源均可折算为 1kg 标准煤。

01.051 商品煤 commercial coal
曾称"销煤"。规格、质量符合一定要求，进入市场的煤炭。

01.052 动力煤 steam coal

适用于锅炉燃烧，产生热力的煤。

01.053 冶金煤 metallurgical coal
适用于冶金工业的煤，主要是炼焦用煤。

02. 煤田地质与勘探

02.01 成煤作用

02.001 泥炭 peat
又称"泥煤"。高等植物遗体，在沼泽中经泥炭化作用形成的一种松散富含水分的有机质聚积物。

02.002 腐泥 sapropel
水生低等植物和浮游生物遗体，在湖沼、潟湖、海湾等环境中沉积，经腐泥化作用形成富含水分和沥青质的有机软泥。

02.003 成煤物质 coal-forming material
形成煤的原始物质。包括高等植物和低等植物及浮游生物。

02.004 成煤作用 coal-forming process
植物遗体从聚积到转变成煤的作用。包括泥炭化或腐泥化作用和煤化作用。

02.005 泥炭化作用 peatification
高等植物遗体在泥炭沼泽中，经复杂的生物化学和物理化学变化逐渐转变成泥炭的作用。

02.006 泥炭沼泽 peat swamp, peat bog, mire
有大量高等植物繁殖、遗体聚积并形成泥炭层的沼泽。

02.007 原地生成煤 autochthonous coal
植物遗体在泥炭沼泽内就地聚积，经成煤作用转变而成的煤。

02.008 微异地生成煤 hypautochthonous coal
植物遗体经流水短距离搬运，仍聚积在原生长的沼泽范围内，经成煤作用转变而成的煤。

02.009 异地生成煤 allochthonous coal
植物遗体因流水等因素经搬运，离开原生长的沼泽在它处聚积，经成煤作用转变而成的煤。

02.010 凝胶化作用 gelification, gelatification
高等植物的木质－纤维组织等，在覆水缺氧的滞水泥炭沼泽内经生物化学和物理化学变化，形成以腐植酸和沥青质为主要成分的胶体物质——凝胶和溶胶的作用。

02.011 丝炭化作用 fusainization
在泥炭化阶段，高等植物的木质－纤维组织等，在比较干燥的氧化条件下腐朽，或因森林起火转变为丝炭化物质的作用。

02.012 残植化作用 liptofication
在活水、多氧的泥炭沼泽环境中，植物的木质－纤维组织被氧化分解殆尽，稳定组分相对富集的作用。

02.013 腐泥化作用 saprofication
低等植物和浮游生物遗体，在湖沼、潟湖、海湾还原环境中，转变为腐泥的生物化学作用。

02.014 煤化作用 coalification

泥炭或腐泥转变为褐煤、烟煤、无烟煤的地球化学作用。包括煤成岩作用和煤变质作用。

02.015 煤成岩作用 coal diagenesis

泥炭或腐泥被掩埋后，在压力、温度等因素的影响下，转变为褐煤的作用。

02.016 煤变质作用 coal metamorphism

褐煤在地下受温度、压力、时间等因素影响，转变为烟煤或无烟煤、天然焦、石墨等的地球化学作用。

02.017 煤变质作用类型 type of coal metamorphism

根据煤变质的主要因素，即热源、压力及其作用方式和变质特征而划分的类型。

02.018 煤深成变质 deep burial metamorphism of coal

又称"煤区域变质"。褐煤形成后，由于地壳下降，在地热和上覆岩层静压力作用下发生变质的作用。

02.019 煤接触变质 contact metamorphism of coal

岩浆接触煤层时，岩浆的高温、热液、挥发性气体和压力使煤发生变质的作用。

02.020 煤区域岩浆热变质 regional magmatic-heat metamorphism of coal

又称"煤区域热力变质作用"。由于大规模岩浆的热量、热液及挥发分气体等的侵入作用，导致区域内地热增高，使煤发生变质的作用。

02.021 煤动力变质 dynamic metamorphism of coal

褶皱或断裂所产生的构造应力及伴随的热效应，导致煤发生变质的作用。

02.022 煤变质程度 degree of coal metamorphism

煤在温度、压力、时间等因素作用下，物理化学性质变化的程度。

02.023 煤阶 coal rank

又称"煤级"。煤化作用深浅程度的等级。

02.024 煤化跃变 coalification jump

煤的化学、物理和光学性质在煤化过程中发生的跳跃式变化。

02.025 希尔特规律 Hilt's rule

煤的变质程度随埋藏深度增加而增高的规律。反映为煤的挥发分随埋藏深度增加而减少。

02.026 煤变质梯度 gradient of coal metamorphism

煤层埋深每增加百米，煤变质加深的程度。常以挥发分减少或镜质组反射率增高数值来表示。

02.027 煤变质带 metamorphic zone of coal

煤田、聚煤区内，变质程度不同的煤在空间上呈现的规律性分布。

02.028 煤成因类型 genetic type of coal

根据成煤的原始植物和聚积环境划分的类型。

02.029 腐植煤 humic coal

又称"腐殖煤"。高等植物遗体在泥炭沼泽中，经成煤作用转变而成的煤。

02.030 腐泥煤 sapropelic coal

低等植物及浮游生物遗体在湖沼、潟湖、海湾等环境中，经成煤作用转变成的煤。

02.031 腐植腐泥煤 humic-sapropelic coal

又称"腐殖腐泥煤"。低等植物和高等植物遗体经成煤作用转变而成的、以腐泥为主的煤。

02.032 腐泥腐植煤 sapropelic-humic coal

又称"腐泥腐殖煤"。高等植物和低等植物遗体经成煤作用转变而成的,以腐植质为主的煤。

02.033　残植煤　liptobiolith
高等植物遗体经残植化作用,孢子、花粉、角质层、树脂、树皮等稳定组分富集,经成煤作用转变成的煤。

02.034　藻煤　boghead coal
主要由藻类遗体转变成的一种腐泥煤。

02.035　烛煤　cannel coal
燃点低,因其火焰与蜡烛火焰相似而得名的一种腐植腐泥煤。主要由小孢子与腐泥基质组成。

02.036　煤精　jet
又称"煤玉"。黑色致密、韧性大,可雕刻抛光成工艺品的一种腐植腐泥煤。

02.037　油页岩　oil shale, kerogen shale
曾称"油母页岩"。灰分高于 50% 的腐泥型固体可燃矿产。

02.038　天然焦　natural coke, carbonite
曾称"自然焦"。煤受岩浆侵入,在高温的烘烤和岩浆中热液、挥发气体等的影响下,受热干馏而成的焦炭。

02.02　煤　岩

02.039　煤岩成分　lithotype of coal
腐植煤中宏观可识别的基本组成单元。即镜煤、亮煤、暗煤和丝炭。

02.040　镜煤　vitrain
光泽最强、均一、性脆、常具有内生裂隙的煤岩成分。在煤层中呈厚几毫米到 2 厘米的凸镜状或条带状。

02.041　亮煤　clarain
光泽较强,具有纹理的煤岩成分。在煤层中以较厚分层出现。

02.042　暗煤　durain
光泽暗淡、致密、坚硬的煤岩成分。可含大量矿物质。在煤层中以较厚分层出现。

02.043　丝炭　fusain
又称"丝煤"。外观象木炭,具丝绢光泽和纤维结构、色黑、性脆的煤岩成分。在煤层中多呈厚几毫米的扁平体断续出现。

02.044　宏观煤岩类型　macrolithotype of coal
曾称"煤的光泽类型"。依据煤的总体相对光泽强度划分的类型。它是煤岩成分共生组合的反映。

02.045　光亮煤　bright coal
光泽最强的宏观煤岩类型。结构近于均一,条带不明显,主要由镜煤和亮煤组成。

02.046　半亮煤　semibright coal
光泽次强的宏观煤岩类型。由光泽亮暗不同的煤岩成分交替成明显的条带状结构,主要由亮煤组成。

02.047　半暗煤　semidull coal
光泽次暗的宏观煤岩类型。具条带状结构,比较坚硬。主要由暗煤、亮煤组成。

02.048　暗淡煤　dull coal
光泽最暗的宏观煤岩类型。质地坚硬、韧性大、相对密度大、含大量矿物质、层理不明显。主要由暗煤组成。

02.049　煤结构　texture of coal
各种煤岩成分的形态、大小及相互数量变化等的统称。常见有均一状、线理状、条带状、凸镜状等结构。

02.050 煤构造 structure of coal

各种煤岩成分之间及与煤中夹石之间的空间分布特点和相互关系。

02.051 煤裂隙 cleat in coal

煤在煤化作用过程中,因受自然界各种应力作用所形成的裂开现象。

02.052 煤显微组分 maceral, micropetrological unit

显微镜下可辨认的煤的有机成分。如结构镜质体。

02.053 煤显微组分组 maceral group

成因和性质大体相似的煤显微组分的归类。硬煤分:镜质组、半镜质组、惰质组、壳质组;褐煤分:腐植组、惰质组、稳定组。

02.054 煤显微亚组分 submaceral

依据成因和结构差别所作的显微组分的细分。如结构镜质体分结构镜质体 1、结构镜质体 2。

02.055 镜质组 vitrinite

主要由植物的木质－纤维组织经凝胶化作用转化而成的显微组分组。

02.056 结构镜质体 telinite

具有植物细胞结构(指细胞壁部分)的镜质组组分。

02.057 无结构镜质体 collinite

用常规方法不显示植物细胞结构的镜质组组分。

02.058 碎屑镜质体 vitrodetrinite

粒径小于 $10\mu m$ 的碎屑状镜质组组分。

02.059 半镜质组 semivitrinite

镜质组与惰质组之间的过渡组分组。包括结构半镜质体、无结构半镜质体、碎屑半镜质体。

02.060 惰质组 inertinite

曾称"丝质组"。由植物遗体主要经丝炭化作用转化而成的显微组分组。

02.061 丝质体 fusinite

主要由木质－纤维组织经丝炭化作用形成的、具有植物细胞结构的、高反射率的惰质组组分。

02.062 半丝质体 semifusinite

反射率介于结构半镜质体与丝质体之间、具有细胞结构的惰质组组分。

02.063 粗粒体 macrinite

反射率较高、不显示细胞结构的块状或基质状惰质组组分。

02.064 微粒体 micrinite

粒径一般为 $1\mu m$ 的、近圆形、反射率较高的次生惰质组组分。

02.065 菌类体 sclerotinite

由菌类遗体组成的惰质组组分。

02.066 碎屑惰质体 inertodetrinite

粒径小于 $30\mu m$ 的碎屑状惰质组组分。

02.067 壳质组 exinite, liptinite

又称"稳定组"。主要由高等植物的繁殖器官、树皮、分泌物及藻类等形成的反射率最低的硬煤显微组分组。

02.068 孢子体 sporinite

又称"孢粉体"。由植物的孢子和花粉外壁形成的壳质组组分。

02.069 角质体 cutinite

由植物的叶、枝、茎等表皮组织的分泌物(角质层)形成的壳质组组分。

02.070 树脂体 resinite

由植物的树脂、蜡质和脂类物质形成的壳质组组分。

02.071 树皮体 barkinite

植物的皮层组织形成的壳质组组分。其纵

横切面呈叠瓦状结构。

02.072　藻类体　alginite
由藻类遗体形成的壳质组组分。

02.073　碎屑壳质体　exodetrinite, liptode-
trinite
又称"碎屑稳定体"。粒径小于 $3\mu m$ 的碎屑状壳质组组分。

02.074　腐植组　huminite
主要由植物的木质－纤维组织经凝胶化作用转化而成的褐煤的显微组分组。与硬煤的镜质组相当，可细分为结构腐植体、无结构腐植体、碎屑腐植体。

02.075　稳定组　liptinite
又称"类脂组"。主要由高等植物的繁殖器官、树皮、分泌物和藻类等形成的反射率最低的褐煤显微组分组。与硬煤的壳质组相当。

02.076　显微煤岩类型　microlithotype of
coal
显微组分的共生组合。

02.077　微镜煤　vitrite
镜质组含量大于95％的显微煤岩类型。

02.078　微亮煤　clarite
镜质组和壳质组含量之和大于95％，两者含量各不小于5％的显微煤岩类型。

02.079　微暗煤　durite
惰质组和壳质组含量之和大于95％，两者含量各不小于5％的显微煤岩类型。

02.080　微壳煤　liptite
壳质组含量大于95％的显微煤岩类型。

02.081　微惰煤　inertite
惰质组含量大于95％的显微煤岩类型。

02.082　微镜惰煤　vitrinertite
镜质组和惰质组含量之和大于95％，两者

含量各不小于5％的显微煤岩类型。

02.083　微三合煤　trimacerite
镜质组、壳质组和惰质组的含量均不小于5％的显微煤岩类型。

02.084　煤砖光片　polished grain mount
在反射光下对煤进行研究而特制的一种煤粒胶结光片。用以测定煤的反射率、进行组分统计等。

02.085　[煤显微组分]反射率　reflectance of
coal maceral
在油浸及546nm波长条件下显微组分的反射光强度与垂直入射光强度的百分比，以 $R(\%)$ 表示。

02.086　镜质组最大反射率　maximum
reflectance of vitrinite
又称"镜质体最大反射率"。单偏光下,转动载物台所测得镜质组反射率的最大值。

02.087　镜质组随机反射率　random reflec-
tance of vitrinite
又称"镜质体随机反射率"。非偏光下,不转动载物台所测得的镜质组反射率。

02.088　[煤]显微硬度　microhardness of
coal
显微组分对承受的静压力的抵抗能力。根据用金刚石方锥压入显微组分表面所形成的压痕大小计算出的硬度称为"维氏硬度(Vickers' hardness)"。

02.089　[煤显微组分]荧光分析　fluorescen-
ce analysis of coal maceral
通过荧光显微镜测定煤的显微组分荧光强度、荧光光谱、荧光变化等荧光性的分析方法。

02.090　[煤显微组分]荧光强度　fluorescen-
ce intensity of coal maceral
显微组分在546nm波长条件下测定的荧光

相对强度。

02.091 [煤显微组分]荧光光谱 fluorescence spectrum of coal maceral, spectral distribution of fluorescence

在紫外光照射下,显微组分在--定波长范围内相对荧光强度的分布曲线。

02.03 煤层与含煤岩系

02.092 煤层 coal seam, coalbed

沉积岩系中赋存的层状煤体。

02.093 煤层厚度 thickness of coal seam

煤层顶底板之间的垂直距离。

02.094 最低可采厚度 minimum minable thickness, minimum workable thickness

当代技术和经济条件下,可开采的最小煤层厚度。主要取决于煤层产状、煤质、开采方法和当地对煤需要程度。

02.095 有益厚度 profitable thickness

顶底板之间所有煤分层厚度的总和,不包括夹石层的厚度。

02.096 煤层结构 texture of coal seam

指煤层中夹矸的数量和分布特征。不含夹矸或夹矸很少的煤层称"简单结构煤层(coal seam with simple texture)"。含夹矸较多的煤层称"复杂结构煤层(coal seam with complex texture)"。

02.097 可采煤层 minable coal seam, workable coal seam

达到国家规定的最低可采厚度的煤层。

02.098 煤层形态 form of coal seam, occurrence of coal seam

煤层在空间的展布特征。根据煤层在剖面上的连续程度,可分层状、似层状、不规则状、马尾状等煤层形态。

02.099 煤层形变 deformation of coal seam

地壳运动引起煤层形态和厚度的变化。

02.100 煤层分叉 splitting of coal seam, bifurcation of coal seam

单一煤层在空间分裂成为若干煤层的现象。

02.101 煤层尖灭 thin-out of coal seam, pinch-out of coal seam

煤层在空间变薄以至消失的现象。

02.102 煤相 coal facies

煤的原始成因类型。它取决于成煤植物群落和泥炭聚积环境,即聚积方式、覆水条件、水介质特征等。

02.103 煤核 coal ball

煤层中保存有植物化石的结核。

02.104 夹矸 parting, dirt band

又称"夹石层"。夹在煤层中的沉积岩层。

02.105 根土岩 root clay, underclay

又称"底粘土"。富含植物根部化石的煤层底板岩石。

02.106 煤层冲刷 washout

煤层形成过程中或形成后,因河流、海浪或冰川等的剥蚀,局部或全部被破坏的现象。

02.107 同生冲刷 syngenetic washout

泥炭聚积过程中,河流或海浪等对泥炭层的冲刷。

02.108 后生冲刷 epigenetic washout

泥炭层被沉积物覆盖后,河流、海浪或冰川等对泥炭层的剥蚀。

02.109 煤组 coal seam group

集中发育于含煤岩系中某一(某些)层段,并在成因上有联系的一组煤层。

02.110　煤沉积模式 sedimentary model of coal, coal depositional model

用沉积模式的理论和方法研究含煤岩系、煤层在空间的组合、变化特征,重塑聚煤古地理。如河流、三角洲、障壁－潟湖等煤沉积模式。

02.111　含煤岩系 coal-bearing series, coal measures

简称"煤系"。含有煤层,并有成因联系的沉积岩系。

02.112　近海型含煤岩系 paralic coal-bearing series

又称"海陆交替相煤系"。煤盆地长期处于海岸线附近的环境下形成的含煤岩系。由陆相、过渡相和浅海相沉积物组成。

02.113　内陆型含煤岩系 limnic coal-bearing series, inland coal-bearing series

又称"陆相煤系"。煤盆地在内陆环境下形成的含煤岩系。全部由陆相沉积物组成。

02.114　浅海型含煤岩系 neritic coal-bearing series

煤盆地经常处于浅海环境下形成的含煤岩系。主要由浅海相碳酸盐岩、泥质岩组成,煤层只在短暂的海退期形成。

02.115　含煤岩系成因标志 genetic marking of coal-bearing series

反映含煤岩系的沉积环境、形成条件的特征。包括岩石的岩性成分、结构、层理以及所含化石,岩层间接触关系等。

02.116　含煤岩系沉积相 sedimentary facies of coal-bearing series, depositional facies of coal-bearing series

反映含煤岩系形成时的古地理环境。可通过含煤岩系成因标志来识别。

02.117　含煤岩系旋回结构 coal-bearing cycle, sedimentary cycle in coal-bearing series

含煤岩系剖面中,一套有共生关系的岩性或岩相的有规律组合。

02.118　含煤岩系古地理 paleogeography of coal-bearing series

又称"聚煤环境"、"聚煤古地理"。含煤岩系形成过程中起支配作用的沉积环境、地貌景观。

02.119　含煤岩系沉积体系 sedimentary system of coal-bearing series, depositional system of coal-bearing series

含煤岩系中有成因联系的一套沉积相的规律组合。如河流沉积体系等。

02.120　含煤岩系共生矿产 associated minerals deposits of coal-bearing series

含煤岩系中除煤层以外可开发利用的矿产及煤中的有用微量元素。如:油页岩、铝土矿、高岭岩、耐火粘土、膨润土、硅藻土、黄铁矿、铁矿、煤成气,及锗、铀等。

02.121　煤成气 coal gas, gas from coal

含煤岩系中有机质在成煤过程中所生成的天然气。其成分以甲烷为主。

02.122　煤层气 coalbed gas, coalbed methane

又称"煤层瓦斯"。基本上未运移出煤层(生气层),以吸附、游离状态赋存于煤层及其围岩中的煤成气。

02.04 煤 田

02.123 聚煤作用 coal accumulation process
古代植物在古气候、古地理和古构造等聚煤有利条件下,聚集而成煤炭资源的作用。

02.124 聚煤期 coal-forming period
又称"成煤期"。地质历史中形成煤炭资源的时期。

02.125 聚煤区 coal accumulating area
地质历史中有聚煤作用的广大地区。其中煤田、含煤区的形成条件具有一定的共性。

02.126 含煤区 coal province
聚煤区内受同一大地构造条件控制的广大含煤地区。含煤区内可包括若干个煤田。

02.127 煤产地 coal district
煤田受后期大地构造变动的影响而分隔开的一些单独的含煤岩系分布区,或面积和储量都较小的煤田。

02.128 暴露煤田 exposed coalfield
含煤岩系出露良好,根据其基底的露头可以圈出边界的煤田。

02.129 半隐伏煤田 semiconcealed coalfield
又称"半暴露煤田"。含煤岩系出露情况尚好,能大致了解其分布范围,或根据其基底的露头,可以圈出部分边界的煤田。

02.130 隐伏煤田 concealed coalfield
又称"掩盖煤田"。含煤岩系出露情况极差,大部或全部被掩盖,地面地质测量难于确定其边界的煤田。

02.131 含煤性 coal-bearing property
含煤岩系中含煤程度。即煤层层数、煤层厚度及其稳定性,煤质和可采情况。

02.132 含煤系数 coal-bearing coefficient
煤层总厚度占含煤岩系总厚度的百分比。

02.133 含煤密度 coal-bearing density
单位面积(每平方公里)内的煤炭资源量。

02.134 富煤带 coal-rich zone, enrichment zone of coal
煤田或煤产地内煤层相对富集的地带。标明煤层厚度。

02.135 富煤中心 coal-rich center, enrichment center of coal
富煤带内煤层总厚度最大的地区。

02.136 [聚]煤盆地 coal basin
同一聚煤期内形成含煤岩系的盆地。

02.137 侵蚀煤盆地 erosional coal basin
经河流、冰川的剥蚀等作用而成的煤盆地。

02.138 塌陷煤盆地 collapsed coal basin, karst coal basin
地下深处或含煤岩系基底的石灰岩、白云岩受溶蚀作用引起地表塌陷而成的煤盆地。

02.139 坳陷煤盆地 depression coal basin
又称"波状坳陷型聚煤盆地"。由于地壳坳陷而成。含煤岩系基底呈波状起伏,断裂不发育的煤盆地。

02.140 断陷煤盆地 fault coal basin
又称"断裂坳陷型聚煤盆地"。盆地边缘由断裂控制,含煤岩系基底被断裂切成块段的煤盆地。

02.141 同沉积构造 syndepositional structure
沉积岩系沉积过程中形成的同沉积背斜、向斜和断裂。

02.142 赋煤构造 coal-preserving structure
有利保存含煤岩系的各种构造部位。如向
斜、地堑、逆掩断层下盘等。

02.05 煤田地质勘探

02.143 煤田预测 coalfield prediction
通过对聚煤规律和赋煤条件的研究,预测可
能存在的含煤地区,并估算区内煤炭资源的
数量和质量,为找煤指出远景的工作。

02.144 找煤 search for coal, look for coal
又称"初步普查"。为寻找煤炭资源,并对工
作地区有无进一步工作价值作出评价所进
行的地质调查工作。

02.145 普查 reconnaissance, coal prospecting
又称"详细普查"。为煤炭工业的远景规划
和详查提供必要资料所进行的地质工作。

02.146 详查 preliminary exploration
又称"初步勘探"。为矿区建设开发总体设
计提供地质资料所进行的勘探工作。

02.147 精查 detailed exploration
又称"详细勘探"。为煤矿初步设计提供地
质资料所进行的详细勘探工作。

02.148 找煤标志 indication of coal
能证实有煤层或含煤岩系存在的标志。

02.149 煤层露头 outcrop of coal seam
煤层出露地表的部分。

02.150 煤层风化带 zone of weathered coal seam
煤层受风化作用后,煤的物理、化学性质发
生明显变化的地带。

02.151 煤层氧化带 zone of oxidized coal seam
煤层受风化作用后,煤的化学工艺性质发生
变化,物理性质变化不大的地带。

02.152 勘探方法 method of exploration
煤田勘探所采取的各种手段、工程布置和技
术措施的总称。

02.153 勘探手段 exploration means
地质勘探所采用的技术手段。包括地质测
量、坑探、钻探、物探、化探、遥感等。

02.154 勘探阶段 exploration stage
又称"勘探程序"。根据地质工作特点和煤
田地质勘探与煤炭工业基本建设相适应的
原则,煤炭资源勘探划分为找煤、普查、详查
和精查四个阶段。

02.155 勘探区 exploration area
煤田地质勘探的工作区域。其范围大至一
个矿区,小至一个井田。

02.156 勘探工程 exploration engineering
地质勘探所采用的钻探、物探、坑探等各种
工程的总称。

02.157 勘探线 exploratory line
勘探工程排成的直线。一般按与煤层走向
或主要构造线基本垂直的方向布置。

02.158 主导勘探线 leading exploratory line
在勘探区具有代表性的地段加密勘探工程,
以控制基本地质情况的勘探线。

02.159 基本勘探线 basic exploratory line
为全面揭露地质情况,按勘探规范对勘探线
间距的要求布置的勘探线。

02.160 勘探网 exploratory grid
在近水平煤层的勘探区,勘探工程布置在
两组不同方向勘探线的交点上构成的网。

02.161 孔距 hole spacing

勘探线上相邻钻孔的距离。

02.162 勘探深度 depth of exploration
煤田地质勘探所提供煤炭储量的最大计算深度。

02.163 勘探程度 degree of exploration
对勘探区地质条件研究和查明的程度。

02.164 [煤田]勘探类型 coal exploration type
根据地质构造复杂程度和煤层稳定性对勘探区划分的类型。

02.165 简单构造 simple structure
含煤岩系产状变化不大、断层稀少、没有或很少受岩浆侵入影响的地质构造。

02.166 中等构造 medium structure
含煤岩系产状有一定变化、断层较发育、局部受岩浆侵入的地质构造。

02.167 复杂构造 complex structure
含煤岩系产状变化很大、断层发育、受岩浆侵入影响严重的地质构造。

02.168 极复杂构造 extremely complex structure
含煤岩系产状变化极大、断层极发育、受岩浆侵入严重破坏的地质构造。

02.169 煤层稳定性 regularity of coal seam
煤层形态、厚度、结构和可采性的变化程度。

02.170 稳定煤层 regular coal seam
煤层厚度变化很小,变化规律明显,煤层结构简单或较简单,全区可采或基本全区可采的煤层。

02.171 较稳定煤层 comparatively regular coal seam
煤层厚度有一定变化,但规律性较明显,结构简单至复杂,全区可采或大部分可采,可采范围内厚度变化不大的煤层。

02.172 不稳定煤层 irregular coal seam
煤层厚度变化较大,无明显规律,且煤层结构复杂或极复杂的煤层。

02.173 极不稳定煤层 extremely irregular coal seam
煤层厚度变化极大,呈透镜状、鸡窝状,一般不连续,很难找出规律,可采块段分布零星的煤层。

02.174 煤层对比 coal-seams correlation
根据煤层本身的特征和含煤岩系中各种对比标志,找出各见煤点间煤层的层位对应关系的工作。

02.175 煤心煤样 coal core sample
从钻孔煤心中采取的煤样。

02.176 筛分浮沉煤样 coal sample for size test and float-and-sink analysis
又称"可选性试验煤样"。为进行煤的筛分试验和浮沉试验而采取的煤样。

02.177 瓦斯煤样 coal sample for gas test
为测定煤层中的瓦斯成分和含量而采集的煤样。

02.178 地质编录 geological record
把地质勘探和煤矿开采过程所观察到的地质现象,用文字、图表等形式系统客观地反映出来的工作。

02.179 煤炭资源量 coal resources
可开发利用或具有潜在价值的煤炭埋藏量。

02.180 煤炭储量 coal reserves
经煤田地质勘探查明的煤炭资源量。

02.181 能利用储量 usable reserves
曾称"平衡表内储量"。在当前煤矿开采技术经济条件下,可利用的煤炭储量。

02.182 暂不能利用储量 useless reserves
曾称"平衡表外储量"。由于煤层厚度小、灰分高、水文地质条件及其它开采技术条件特别复杂等原因,目前开采有困难,暂时不能利用的储量。

02.183 储量级别 classification of reserves, category of reserves

区分和衡量储量精度的等级标准。我国煤炭储量,按精度依次为 A、B、C、D 四级。

02.184 A 级储量 grade A reserves

在精查阶段,通过较密的勘探工程控制,含煤性、煤层产状等均已查明,勘探程度高的煤炭储量。

02.185 B 级储量 grade B reserves

在详查和精查阶段,通过系统的勘探工程控制,含煤性、煤层产状等已基本查明,勘探程度较高的煤炭储量。

02.186 C 级储量 grade C reserves

在普查、详查、精查阶段,通过稀疏的勘探工程控制,含煤性、煤层产状等已初步查明,有一定勘探程度的煤炭储量。

02.187 D 级储量 grade D reserves

在找煤、普查、详查阶段,通过地质填图和少量勘探工程控制,对含煤性、煤层产状等有初步了解的煤炭储量。

02.188 预测资源量 prognostic resources, predicted resources

曾称"预测储量"。煤田预测时所估算的煤炭资源量。

02.189 远景储量 future reserves, prospective reserves

找煤阶段所获得可作为煤炭工业远景规划依据的 D 级储量。

02.190 探明储量 demonstrated reserves, explored reserves

通过地质勘探所获得的储量,即 A、B、C、D 级储量之和。

02.191 工业储量 industrial reserves

即 A、B、C 级储量之和。可作为矿山设计的依据。

02.192 高级储量 proved reserves

即 A、B 级储量之和。

02.193 保有储量 available reserves

探明储量减去动用储量所剩余的储量。

02.194 区域地质图 regional geological map

反映区域基本地质特征的图件。

02.195 煤田地形地质图 coal topographic-geological map

以地形图为底图,反映地层、构造、岩浆岩、煤层等煤田基本地质特征的图件。

02.196 勘探工程分布图 layout sheet of exploratory engineering

表示勘探区各勘探工程分布位置的图件。

02.197 钻孔柱状图 borehole columnar section

根据钻孔资料编制的地质柱状图。

02.198 勘探线地质剖面图 geological profile of exploratory line

根据同一勘探线上,勘探工程所获资料编制的,反映地层、煤层、标志层、构造等内容的地质剖面图。

02.199 煤层对比图 coal-seams correlation section

反映各钻孔中煤层、标志层及其它煤层或岩层对比资料,用以确定煤层层位及相互关系的图件。

02.200 煤层底板等高线图 coal seam floor contour map

煤层底面标高的等值线图。

02.201 储量计算图 reserves estimation map

反映储量计算依据、各级储量分布范围和计算结果的图件。

02.06 煤矿地质

02.202 煤矿地质 coal mining geology
从煤矿基本建设开始,直到开采结束为止期间的全部地质工作。指矿井地质或露天矿地质。

02.203 矿建地质 mine construction geology
从煤矿基本建设准备开始,直到建成投产过程中的地质工作。

02.204 生产地质 productive geology
从煤矿移交生产,直到开采结束过程中的地质工作。

02.205 矿井地质条件 geological condition of coal mine
影响井巷开拓、煤层开采及安全生产的各种地质条件。

02.206 矿井地质条件类型 geological condition type of coal mine
根据地质构造复杂程度、煤层稳定性和开采技术条件划分的矿井类型。

02.207 煤矿地质勘探 geological exploration in coal mine
从煤矿建设开始,到开采结束期间所进行的地质勘探工作。

02.208 煤矿补充勘探 supplementary exploration in coal mine
煤矿新水平或新开拓区设计之前,按设计要求进行的补充性的勘探工作。

02.209 生产勘探 productive exploration
采区范围内,为查明影响生产的地质条件所进行的勘探工作。

02.210 煤矿工程勘探 coal mine engineering exploration
根据煤矿生产建设中专项工程的要求而进行的勘探工作。

02.211 井筒检查孔 pilot hole of shaft, test hole of shaft
新井开凿前,为核实井筒剖面资料,编制施工设计方案,在井筒附近追加施工的钻孔。

02.212 井巷工程地质 engineering geology in shafting and drifting
研究井巷、硐室、采场的岩体工程地质条件,为设计与施工提供依据的地质工作。

02.213 瓦斯地质 coalbed gas geology
研究煤层瓦斯的成分、形成、赋存、运移与瓦斯突出条件及其预测等内容的地质工作。

02.214 煤炭自燃 spontaneous combustion of coal
煤与空气接触氧化生热达燃点时,自行着火的现象。

02.215 [喀斯特]陷落柱 karst collapse column
又称"岩溶陷落柱"。煤层下伏碳酸盐岩等可溶岩,因地下水溶蚀引起上覆岩层冒落而成的柱状塌陷体。

02.216 探采对比 correlation of exploration and mining information
煤矿开采后所获地质资料与煤田地质勘探所获地质资料的比较。

02.217 煤矿地质图 coal mine geological map
反映煤矿各种地质现象与井巷工程之间相互关系及它们空间分布情况的所有图件。

02.07 矿床水文地质

02.218 矿井水文地质 mine hydrogeology
研究矿井建设和生产过程中的水文地质条件和矿井水处治方法的地质工作。

02.219 水文地质条件 hydrogeological condition
地下水埋藏、分布、补给、径流,水质和水量及其形成的地质条件总称。

02.220 矿区供水水源勘探 water supply exploration of mining area
根据矿区的供水需要,寻找和查明生活用水和工农业用水水源的水量、水质和其它有关条件的勘探工作。

02.221 水文地质勘探 hydrogeological exploration
为查明矿床的水文地质条件,对地下水及其有关的各种地质条件进行的勘探工作。

02.222 老窑水 goaf water, abandoned mine water
积存于废弃矿井、采空区或巷道中的地下水。

02.223 孔隙充水矿床 pore water filling deposit
以孔隙含水层为主要充水水源的矿床。

02.224 裂隙充水矿床 fissure water filling deposit
以裂隙含水层为主要充水水源的矿床。

02.225 喀斯特充水矿床 karst water filling deposit
又称"岩溶充水矿床"。以喀斯特含水层为主要充水水源的矿床。

02.226 矿井充水 water filling of mine, flooding to mine
矿井开采时各种来源的水,通过各种方式流入矿井的现象。

02.227 直接充水含水层 direct water filling aquifer
直接向矿井或矿坑充水的含水层。

02.228 间接充水含水层 indirect water filling aquifer
补给直接充水含水层,再向矿井充水的含水层。

02.229 充水水源 water filling source, water source of flooding to mine
矿井水的来源。主要为大气降水、地表水、地下水及老窑水等。

02.230 充水通道 water filling channel, flooding passage
地下水流入矿井的通道。如导水断层、岩层孔隙、裂隙、溶隙、溶洞、陷落柱等。

02.231 矿井涌水量 mine inflow, water yield of mine
单位时间内流入矿井的水量。

02.232 矿井最大涌水量 maximum mine inflow, maximum water yield of mine
矿井开采期间,正常情况下矿井涌水量的高峰值。主要与人为条件和降雨量有关。

02.233 矿井水文地质类型 hydrogeological type of mine
根据矿井水文地质条件、涌水量、水害情况和防治水难易程度区分的类型。分为简单、中等、复杂、极复杂四种。

02.234 矿井探水 water prospection of mine

采掘前用超前钻孔来查明周围水体的水文地质条件的工作。

02.235　放水试验 outflow test, dewatering test

在井下打钻,使含水层自行泄水,降低地下水水位,以获得有关参数、查清水文地质条件的试验。

02.236　防水煤柱 barrier pillar

在井下受水害威胁的地带,为防止水突然涌入而保留一定宽度或厚度暂不采动的煤柱。

02.237　疏干降压 draining depressurization, dewatering depressurization

用人工排水措施,降低含水层的水位或水压,减少巷道的涌水量,防止井下突水的作业。

02.238　矿井排水 mine drainage

矿井内敷设排水沟或排水管,把矿井水汇集流入水仓,再排到地面的作业。

02.239　水文物探 hydrogeophysical prospecting

应用物探手段解决水文地质问题。主要采用电法勘探、地震勘探、水文测井、遥感技术等物探方法。

02.240　水文地质钻探 hydrogeological drilling

应用钻探手段解决水文地质问题。水文地质钻孔除用于直接获取水文地质资料外,还用于水文地质试验和测井等工作。

02.241　矿区水文地质图 mining area hy-drogeological map

反映矿区地下含水层分布和水文地质特征的地质图。

02.08　煤田地球物理勘探

02.242　煤田地球物理勘探 coal geophysical prospecting, coal geophysical exploration

简称"煤田物探"。用地球物理学的方法研究解决煤田地质勘探和煤炭生产中地质问题的工作。

02.243　煤田重力勘探 coal gravity prospecting

根据岩石密度差异引起的重力场局部变化,寻找含煤岩系分布范围、研究地质构造等问题的一种物探方法。

02.244　煤田磁法勘探 coal magnetic prospecting

根据岩石或矿体磁性差异形成的磁场局部变化,寻找含煤岩系的分布范围、煤田内岩浆岩、煤层燃烧带,研究地质构造、结晶基底起伏等问题的一种物探方法。

02.245　煤田电法勘探 coal electrical prospecting

根据岩石或矿体的电性差异,确定含煤岩系分布、研究煤田地质构造和解决水文工程地质问题的一种物探方法。

02.246　直流电法 DC electrical method

研究与地质体有关的直流电场的分布特点和规律,进行找矿和解决某些地质问题的方法。常用的有电测深法、电剖面法。

02.247　交流电法 AC electrical method

研究与地质体有关的交变电磁场的分布特点和规律,进行找矿和解决地质问题的方法。常用的有电磁频率测深法、无线电波透视法。

02.248　电阻率法 resistivity method

研究地下岩石电阻率变化的规律,解决地质问题的方法。常用的有电剖面法和电测深法。

02.249 电[阻率]剖面法 resistivity profiling

供电电极和测量电极的电极距保持不变,沿剖面方向逐点观测视电阻率,研究一定深度岩石电阻率变化的方法。

02.250 电[阻率]测深法 resistivity sounding, electrical sounding

在测深点上,逐次加大供电电极距,测量视电阻率的变化,以研究不同深度地质情况的方法。

02.251 自然电位法 self-potential method

研究地下自然电场,以解决地质问题的方法。

02.252 充电法 "mise-a-la-masse" method

对探测对象进行充电,并对所形成的电场进行观测的方法。可用于研究、分析矿体或废弃采空区、溶洞等在地下的分布及地下水流速、流向等问题。

02.253 激发极化法 induced polarization method

根据岩石的激发极化效应来解决地质问题的电法勘探方法。可用于找煤和解决水文地质、工程地质问题。

02.254 [电磁]频率测深法 frequency sounding method

研究不同频率的人工交变电磁场在地下的分布规律,探测视电阻率随深度的变化,以了解地质构造和进行找矿的交流电法。

02.255 无线电波透视法 radio penetration method

根据地质体对电磁波的吸收能力不同进行探测的一种物探方法。可用于查找断层、无煤带、煤层变薄带、陷落柱、废弃采空区、喀斯特等。

02.256 地质雷达法 geological radar method

利用高频电磁波束的反射来探测地质目标的电法勘探方法。可用于探测断层、陷落柱,解决水文地质、工程地质问题。

02.257 煤田地震勘探 coal seismic prospecting

研究人工激发的地震波在不同地层内的传播规律,探测地质构造、含煤岩系分布,解决水文地质与工程地质等问题的物探方法。

02.258 反射波法地震勘探 reflection survey

简称"反射波法"。利用地震反射波确定地下反射面深度及其性质,解决地质问题的物探方法。

02.259 折射波法地震勘探 refraction survey

简称"折射波法"。利用地震折射波确定折射界面的深度及其性质,解决地质问题的物探方法。

02.260 三维地震法 3-D seismic method

通过多条测线同时观测,进行面积性地震数据采集,得到三维数据体,从而详细了解地下三维地质结构,进行找矿和解决地质问题的方法。

02.261 槽波 in-seam wave

在煤层内传播的地震波。

02.262 槽波地震法 in-seam seismic method

利用槽波的反射或透射规律,探测断层等构造,了解煤层厚度变化的矿井物探方法。

02.263 瑞利波探测法 Rayleigh wave detection method

利用瑞利面波在地面和煤矿井下进行洞穴、地质构造以及煤厚探测的方法。

02.264 煤田[地球物理]测井 coal logging
根据钻孔中岩层、煤层具有不同物理性质的特点,解决地质和钻井技术问题的物探方法。

02.265 电测井 electrical logging
以研究钻孔中岩层间电性差异为基础的测井方法。

02.266 电阻率测井 resistivity logging
根据钻孔内岩层、煤层电阻率的差别研究钻孔地质剖面的测井方法。

02.267 侧向测井 lateral logging
又称"聚焦测井"。使用聚焦电极系的电阻率测井方法。

02.268 自然电位测井 self-potential logging, SP logging
沿钻孔测量岩层、煤层在自然条件下产生的电场电位变化的测井方法。

02.269 放射性测井 radioactivity logging
又称"核测井(nuclear logging)"。利用岩石的天然放射性、人工 γ 射线及中子与岩层的相互作用所产生的一系列效应,研究岩层性质和检查钻孔情况的测井方法。

02.270 γ 测井 γ-ray logging
沿钻孔测量岩层的自然 γ 射线强度,研究岩层划分与地层对比等的测井方法。

02.271 γ-γ 测井 γ-γ logging
用 γ 源的发射并探测经岩层散射后的 γ 射线强度的测井方法。

02.272 中子测井 neutron logging
以中子与岩层相互作用产生的各种效应为基础的核测井方法。

02.273 声波测井 acoustic logging
研究声波在岩层中传播速度和其它声学特性变化,确定岩层性质的测井方法。

02.274 井径测井 caliper logging
测量钻孔直径的测井方法。

02.275 井斜测井 inclination logging
测量钻孔倾斜方位和角度的测井方法。

02.276 倾角测井 dipmeter logging
在钻孔中测定岩层产状的测井方法。

02.277 温度测井 temperature logging
又称"井温测井"。测定钻孔内不同深度的温度的测井方法。

02.278 井壁取心 sidewall coring
用井壁取心器在未下套管的钻孔壁上取出煤、岩样的作业。

02.279 矿井地球物理勘探 mine geophysical prospecting
简称"矿井物探"。在矿井开采过程中,为探查小构造、煤层厚度变化等采用的物探方法。

02.280 遥感地质 remote-sensing geology
综合应用遥感技术进行地质调查和资源勘探的方法。

02.281 航空地球物理勘探 aerogeophysical prospecting
简称"航空物探"。通过飞机上装载的专用物探仪器,在飞行过程中探测各种地球物理场的变化,用以研究地质构造和找矿的物探方法。

02.282 重力仪 gravimeter
在重力勘探中,用于测量不同地点相对重力值的仪器。

02.283 磁力仪 magnetometer
在磁法勘探中,用于测量地磁异常和研究岩矿磁性的仪器。

02.284 电法仪 electrical prospecting apparatus

在电法勘探中,用于观测天然或人工电磁场的专用仪器。

02.285　[电磁]频率测深仪　frequency sounder

用于观测不同频率人工交变电磁场的仪器。

02.286　地震仪　seismograph

地震勘探中,记录人工激发地震波的仪器。

02.287　测井仪　well logger

在钻孔中测量岩、煤层物理性质特征及钻孔技术状况的专用物探仪器。

02.288　坑道透视仪　underground electromagnetic wave perradiator

简称"坑透仪"。对采煤工作面进行无线电波透视,解决有关地质问题的井下专用物探仪器。

02.289　矿井地质雷达　underground geological radar

井下探测小型地质构造等的专用雷达。

02.290　槽波地震仪　in-seam seismograph

利用槽波探测煤层内地质变化的井下地震仪。

02.09　煤田钻探

02.291　煤田钻探　coal drilling

为探明煤炭资源及地质情况或为其它目的所进行的钻孔工程。

02.292　岩石可钻性　rock drillability

岩石被碎岩工具钻碎的难易程度。

02.293　钻探设备　drilling equipment

钻孔施工所使用的地面设备总称。包括钻探机、动力机、泥浆泵、钻塔等。

02.294　钻孔　drillhole, borehole

根据地质或工程要求钻成的柱状圆孔。

02.295　定向孔　directional hole

又称"定向斜孔"。利用钻孔自然弯曲规律或采用人工造斜工具,使其轴线沿设计的空间轨迹延伸的钻孔。

02.296　多孔底定向孔　multi-bottom directional hole

又称"定向分枝孔"。在主孔中有若干分枝孔的定向孔。

02.297　封孔　sealing of hole

又称"钻孔封闭"。为防止地表水和地下水通过钻孔与煤层串通,终孔后对钻孔进行的止水封填作业。

02.298　钻进　drilling

钻头钻入地层或其它介质形成钻孔的过程。

02.299　取心钻进　core drilling

又称"岩心钻进"。以采取圆柱状岩矿心为目的的钻进方法与过程。

02.300　不取心钻进　non-core drilling

又称"无岩心钻进"。破碎全部孔底岩石的钻进方法与过程。

02.301　冲击钻进　percussion drilling

借助钻具重量,在一定的冲程高度内,周期性地冲击孔底以破碎岩石的钻进。

02.302　回转钻进　rotary drilling

利用回转钻机或孔底动力机具转动钻头破碎孔底岩石的钻进方法。

02.303　冲击回转钻进　percussive-rotary drilling

用冲击器产生的冲击功与回转钻进相结合的钻进。

02.304　硬合金钻进　tungsten-carbide drilling

用硬合金钻头碎岩的钻进。

02.305 金刚石钻进 diamond drilling
利用金刚石钻头碎岩的钻进。

02.306 钻粒钻进 shot drilling
钻头拖动孔底钻粒破碎岩石的钻进。

02.307 绳索取心钻进 wire-line core drilling
利用绳索打捞器，以不提钻方式经钻杆内孔取出、投入岩心容纳管的钻进技术。

02.308 反循环钻进 reverse circulation drilling
携带岩屑的冲洗介质由钻杆内孔返回地面的钻进技术。

02.309 反循环连续取心钻进 center sample recovery, CSR, reverse circulation core drilling
利用冲洗介质反循环，连续将岩心或岩屑经钻杆内孔输出地表的钻进技术。

02.310 空气泡沫钻进 air-foam drilling
用由气体、液体和少量发泡剂组成的气液混合泡沫流体作为冲洗介质的钻进技术。

02.311 钻孔冲洗液 drilling fluid
钻探过程中孔内使用的循环冲洗介质。主要功能是冷却钻头、排出岩屑、保护孔壁等。按介质的成分不同可分为"清水钻孔冲洗液(drilling water fluid)"、"泥浆钻孔冲洗液(drilling mud fluid)"、"泡沫钻孔冲洗液(drilling foam fluid)"等。

02.312 岩心 core
取心钻头钻出的圆柱形岩矿样品。

02.313 岩心采取率 core recovery percentage
由钻孔中采取出的岩心长度与相应实际钻探进尺的百分比。

02.314 煤心采取器 coal coring tool, coal corer
又称"取煤器"、"取煤管"。煤田钻探钻进过程中，专门用于采取煤心的一种特殊器具。

02.315 煤心采取率 coal core recovery percentage
采取的煤心长度与钻进煤层厚度的百分比(长度采取率)，或采取的煤心重量与钻进煤层应有的煤心重量的百分比(重量采取率)。

03. 矿 山 测 量

03.01 矿山工程测量

03.001 矿山工程测量 mine survey
煤矿在地质勘探、设计、建设和生产各阶段所进行的测量、数据处理和绘图工作的总称。

03.002 矿区控制测量 control survey of mining area
建立矿区平面控制网和高程控制网的测量工作。

03.003 近井点 near-shaft control point
曾称"定向基点"。为进行工业场地施工测量及联系测量在井口附近设立的控制点。

03.004 联系测量 connection survey, transfer survey
将地面平面坐标系统和高程系统传递到井下的测量工作。

03.005 立井定向 shaft orientation
通过立井的平面联系测量。

03.006 几何定向 geometric orientation, orientation by shaft plumbing

在立井内悬挂锤线进行的定向测量。包括一井定向和两井定向。

03.007 定向连接点 connection point [for shaft orientation]

立井定向时,与投点锤线进行连接测量的测点。

03.008 投点 shaft plumbing

用锤线或激光束将地面点的位置通过立井传递至定向水平的测量工序。包括"稳定投点(damping-bob plumbing)"、"摆动投点(pendulous-bob plumbing)"和"激光投点(laser plumbing)"。

03.009 定向连接测量 connection survey for shaft orientation

在地面上确定锤线的坐标并同时在井下由锤线坐标确定测量基点的坐标所进行的平面测量工作。

03.010 瞄直法 alignment method

将定向连接点设置在两锤线的延长线上的定向连接测量方法。

03.011 连接三角形法 connection triangle method

以连接点和井筒内两锤线构成三角形进行一井定向的连接测量方法。

03.012 陀螺[经纬仪]定向 gyroscopic orientation survey, gyrostatic orientation survey

用陀螺经纬仪确定定向边方位角的测量。

03.013 逆转点法 reversal point method

用陀螺经纬仪跟踪摆动的指标线,读取到达两逆转点时度盘上读数的陀螺定向方法。

03.014 中天法 transit method

固定陀螺经纬仪照准部,观测指标线经过分划板零线的时间及最大摆幅值的陀螺定向方法。

03.015 陀螺方位角 gyroscopic azimuth

从陀螺子午线北端,顺时针至某方向线的水平夹角。

03.016 导入高程测量 elevation transfer survey

确定井下水准基点高程的测量工作。

03.017 井下测量 underground survey

又称"矿井测量"。为指导和监督煤炭资源开发,在井下的特殊条件下所进行的测量工作。

03.018 井下平面控制测量 underground horizontal control survey

建立井下平面控制系统的测量。包括基本控制和采区控制测量。

03.019 光电测距导线 EDM traverse

用光电测距仪测量边长的导线。

03.020 顶板测点 roof station

设置在巷道顶板或巷道永久支护顶部的测点。

03.021 点下对中 centring under point, centring under roof station

在顶板测点下对中经纬仪或照准装置。

03.022 采区测量 mining district survey, mining panel survey

为采区的施工和测图所进行的测量工作。

03.023 采区联系测量 transfer survey in mining district, transfer survey in mining panel

通过竖直或急倾斜巷道把方向、坐标和高程引测到采区内所进行的测量工作。

03.024 矿井工程碎部测量 detail survey for mine workings

为绘制大比例尺巷道图和硐室图而进行的测量工作。

03.025 采煤工作面测量 coal face survey

为填绘采煤工作面动态图和计算产量、损失量而进行的测量工作。

03.026 露天矿测量 opencast survey, surface mine survey

为指导和监督露天矿的剥离与采矿所进行的测量工作。包括控制测量、爆破工作测量、采场验收测量、线路测量、排土场测量和边帮稳定性监测等。

03.027 采场验收测量 pit acceptance survey

为测量采、剥工作面位置，验收采、剥工作面规格和计算采剥量而定期进行的测量工作。

03.028 边帮稳定性监测 slope stability monitoring

为判断边帮稳定性、研究边帮移动和滑动规律而进行的观测工作。

03.029 立井中心标定 setting-out of shaft center

按设计位置将立井中心标定于实地。

03.030 立井十字中线标定 setting-out of cross line through shaft center

按设计位置及方向将立井十字中线标定于实地。

03.031 立井施工测量 construction survey for shaft sinking

为保证立井竖直度和断面按设计要求施工的测量工作。包括：普通凿井法施工测量和特殊凿井法(冻结法、钻井法、沉井法、注浆法等)施工测量。

03.032 井筒延深测量 shaft-deepening survey

保证延深立井中心与原有立井中心一致所进行的测量工作。

03.033 冻结凿井法施工测量 construction survey for shaft sinking by freezing method

包括冻结孔位置标定,冻结孔测深及测斜,绘制各水平冻结孔偏距图和冻结壁交圈图等。

03.034 钻井凿井法施工测量 construction survey for shaft boring, construction survey for shaft drilling

包括井斜、井径测量,预制、悬浮下沉井壁测量。

03.035 沉井凿井法施工测量 construction survey for drop shaft sinking

包括用井壁水平点高程测量法测定井壁的竖直度、确定偏斜方向和偏斜率等。

03.036 注浆凿井法施工测量 construction survey for grouting sinking

包括地面及工作面注浆孔位置标定、钻孔测斜和注浆效果检测等。

03.037 巷道中线标定 setting-out of center line of roadway

将巷道中线的设计方向标定于实地。

03.038 巷道坡度线标定 setting-out of roadway gradient

在巷道侧帮距底板一定高度标定巷道的设计坡度。

03.039 激光指向 laser guide

用激光指向仪器给定巷道掘进方向和坡度。

03.040 巷道验收测量 footage measurement of roadway

丈量巷道进度、检查巷道规格的测量工作。

03.041 贯通测量 holing-through survey

保证巷道的两个或多个对向或同向工作面按设计要求贯通而进行的测量工作。

03.042 矿田区域地形图 topographic map of mine field

反映矿田范围内地貌及地物的平面图。

03.043 井田区域地形图 topographic map of [underground] mine field
反映井田范围内地貌及地物的平面图。

03.044 矿场平面图 mine yard plan
反映工业场地内生产系统、生活设施和地貌的平面图。

03.045 井底车场平面图 shaft bottom plan
反映井底车场巷道、硐室的位置和运输、排水系统的平面图。

03.046 采掘工程平面图 mining engineering plan, mine map
反映采掘工程、地质和测量信息的综合性图纸。

03.047 井上下对照图 surface-underground contrast plan, location map, site plan
反映地面的地物、地貌与井下采掘工程之间对照关系的综合性图纸。

03.048 采剥工程断面图 stripping and mining engineering profile, cross-section of stripping work
为计算储量、采剥量和检查台阶技术规格而测绘的采场断面图。

03.049 采剥工程综合平面图 synthetic plan of stripping and mining, stripping work map
反映露天矿所有台阶采剥工程、地质和测量信息的综合性平面图。

03.02 开采沉陷及防治

03.050 开采沉陷 mining subsidence
又称"矿山岩层及地表移动"。地下采矿引起岩层移动和地表沉陷的现象和过程。

03.051 垮落带 caving zone
曾称"冒落带"。由采矿引起的上覆岩层破坏并向采空区垮落的岩层带。

03.052 断裂带 fractured zone
曾称"裂隙带"。垮落带上方的岩层产生断裂或裂缝，但仍保持其原有层状的岩层带。

03.053 弯曲带 sagging zone
断裂带上方的岩层产生弯曲下沉的岩层带。

03.054 岩层移动 strata movement
因采矿引起采空区附近及上覆岩层的移动、变形和破坏的现象和过程。

03.055 地表移动 surface movement, ground movement
因采矿引起的岩层移动波及到地表，使地表产生移动、变形和破坏的现象和过程。

03.056 地表移动观测站 observation station of ground movement
为获取采矿引起的地表移动规律，在地表设置的测点或装置所构成的观测系统。

03.057 地表移动盆地 subsidence trough, subsidence basin
又称"地表下沉盆地"。由采矿引起的采空区上方地表移动的范围。

03.058 移动盆地主断面 major cross-section of subsidence trough
通过移动盆地内最大下沉点沿煤层倾向或走向的竖直断面。

03.059 临界变形值 critical deformation value
曾称"允许变形值"，"危险变形值"。受保护的建(构)筑物不需修理能保持正常使用所允许的地表最大变形值。

03.060 边界角 boundary angle, limit angle

在充分或接近充分采动条件下，移动盆地主断面上的边界点和采空区边界点连线与水平线在煤壁一侧的夹角。

03.061 移动角 angle of critical deformation

在充分或接近充分采动条件下，在移动盆地主断面上，地表最外的临界变形点和采空区边界点连线与水平线在煤壁一侧的夹角。

03.062 裂缝角 angle of break

在充分或接近充分采动条件下，在移动盆地主断面上，地表最大的一条裂缝和采空区边界点连线与水平线在煤壁一侧的夹角。

03.063 充分采动角 angle of full subsidence

在充分采动条件下，在移动盆地主断面上，盆地平底边缘点和采空区边界的连线与煤层底板在采空区一侧的夹角。

03.064 最大下沉角 angle of maximum subsidence

在非充分采动条件下，在移动盆地倾向主断面上，采空区中点和地表最大下沉点在基岩面上投影点的连线与水平线在下山方向的夹角。

03.065 超前影响角 advance angle of influence

在工作面前方开始移动的地表点和工作面位置连线与水平线在煤柱一侧的夹角。

03.066 最大下沉速度角 angle of maximum subsidence velocity

地表最大下沉速度点与工作面位置的连线与水平线在采空区一侧的夹角。

03.067 影响传播角 propagation angle

在移动盆地倾向主断面上，按拐点偏移距求得的计算开采边界和地表下沉曲线拐点的连线与水平线在下山方向的夹角。

03.068 拐点偏移距 deviation of inflection point

自下沉曲线拐点按影响传播角作直线与煤层相交，该交点与采空区边界沿煤层方向的距离。

03.069 主要影响半径 major influence radius

在充分采动条件下，自主断面下沉曲线拐点到最大下沉点的距离或由此拐点到移动盆地边界点的距离。

03.070 主要影响角正切 tangent of major influence angle

开采深度与主要影响半径之比。

03.071 充分采动 full subsidence

又称"临界/超临界开采（critical/supercritical extraction）"。地表最大下沉值不再随采区尺寸增大而增加的开采状态。

03.072 非充分采动 subcritical extraction

又称"非临界开采"。地表最大下沉值随采区尺寸增大而增加的开采状态。

03.073 下沉系数 subsidence factor

在充分采动条件下，开采近水平煤层时地表最大下沉值与开采厚度之比。

03.074 水平移动系数 displacement factor

在充分采动条件下，开采近水平煤层时地表最大水平移动值与地表最大下沉值之比。

03.075 采动系数 factor of full extraction

衡量在走向和倾向上地表能否达到充分采动程度的系数。在地层和采深一定的条件下，主要决定于采空区尺寸。

03.076 围护带 safety berm

设计保护煤柱时，在受护对象的外侧增加的一定宽度的安全带。

03.077 抗变形建筑物 deformation resistant structure

采取专门的结构措施从而能抵抗开采沉陷破坏的建筑物。

03.078 刚性结构措施 rigid structure measure

增加建筑物刚度以抵抗开采沉陷引起损害的结构措施。

03.079 柔性结构措施 flexible structure measure

使建筑物能适应开采沉陷引起地基变形的结构措施。

03.080 滑动层 sliding layer

为减少地表水平变形引起的建筑物上部的附加应力,在基础圈梁与基础之间铺设的摩擦系数小的垫层。

03.081 缓冲沟 buffer trench

曾称"补偿沟"。为减轻地表水平变形对建筑物的损害,在建筑物基础周围或一侧开挖的槽沟。

03.082 导水断裂带 water conducted zone

曾称"导水裂隙带"。能使水流向采空区的断裂带和垮落带的总称。

03.083 防水煤岩柱 safety pillar under water-bodies

为确保水体下安全采煤而设计的煤层开采上限至水体底部的煤、岩体。

03.084 井筒煤柱开采 shaft pillar extraction

采取专门的技术、安全措施,在维持井筒功能的前提下开采井筒煤柱。

03.03 矿体几何及矿产资源保护

03.085 矿体几何学 mineral deposits geometry, geometry of ore body

利用数学模型和图象模型研究矿体形态和矿产特性分布及其变化的学科。

03.086 矿体几何制图 geometrization of ore body

应用矿体几何学的理论和方法建立矿床的数学模型和图象模型等工作。

03.087 煤层褶皱几何制图 fold geometrization of coal seam

确定煤层褶皱几何参数,绘制煤层褶皱形状、大小及其空间位置图的工作。

03.088 断层几何制图 fault geometrization

确定断层几何参数、几何分类,寻找断失翼和编制断层素描图等工作。

03.089 煤层等厚线图 isothickness map of coal seam

用等值线表示煤层厚度变化分布的平面图。

03.090 煤层等深线图 isobath map of coal seam

用等值线反映煤层埋藏深度变化分布的平面图。

03.091 灰分等值线图 isogram of ash content

用等值线描述煤层中灰分含量分布的平面图。

03.092 储量管理 reserves management

测定和统计矿产储量动态及开采损失量,以指导、监督合理地开采矿产资源的工作。

03.093 [矿井]三量 Three Class of Reserves [of underground mine]

矿井开拓煤量、准备煤量和回采煤量的总称,是反映矿井生产准备状况的宏观指标。

03.094 开拓煤量 developed reserves

通向采区的全部开拓巷道均已掘完,并可开始掘进采区准备巷道时所构成的可采储量。

03.095 准备煤量 prepared reserves

在开拓煤量范围内,采区准备巷道均已掘完时所构成的可采储量。

03.096 回采煤量 workable reserves

在准备煤量范围内,开采前必需掘好的巷道全部完成时所构成的可采储量。

03.097 动用储量 mining-employed reserves

实际动用的工业储量。是某一时期内采出量和损失量之和。包括"矿井动用储量(mining-employed reserves of mine)"、"采区动用储量(mining-employed reserves of district)"和"工作面动用储量(mining-employed reserves of working face)"。

03.098 设计损失 allowable loss

全称"设计损失储量"。开采设计允许损失的储量。

03.099 实际损失储量 actual loss of reserves

开采中实际发生的损失储量。包括"矿井实际损失储量(actual loss of reserves of mine)"、"采区实际损失储量(actual loss of reserves of district)"和"工作面实际损失储量(actual loss of reserves of working face)"。

03.100 采出率 recovery ratio

又称"回采率";曾称"回收率"、"采收率"。采出煤量占动用储量的百分率。

03.101 损失率 loss percentage

损失煤量占动用储量的百分率。

04. 矿井建设

04.01 井巷工程设计

04.001 矿井建设 [underground] mine construction

井巷施工、矿山地面建筑和机电设备安装三类工程的总称。

04.002 井巷工程 shaft sinking and drifting

为进行采矿,在地下开凿各类通道和硐室的工程。

04.003 矿山地面建筑工程 mine surface construction engineering

建设矿山地面各种建筑物与构筑物的工程。

04.004 矿场建筑工程 mine plant construction engineering

建设矿井工业场地内各种建筑物与构筑物的工程。

04.005 安装工程 installation engineering

安装矿山各种机电设备、设施的工程。

04.006 立井 [vertical] shaft

又称"竖井"。服务于地下开采,在地层中开凿的直通地面的竖直通道。

04.007 斜井 inclined shaft, incline

服务于地下开采,在地层中开凿的直通地面的倾斜通道。

04.008 平硐 adit

服务于地下开采,在地层中开凿的直通地面的水平通道。

04.009 主平硐 main adit

主要用于运输矿产品的平硐。

04.010 隧道 tunnel

在地层中开凿的两端有地面出入口的水平通道。

04.011 井筒 shaft, slant

泛指立井和斜井,也包括暗井。通常由井颈、井身和井窝组成。

04.012 井口 shaft mouth
井筒和平硐的地面出入口。

04.013 井颈 shaft collar
井口以下井壁加厚、加强的一段井筒。

04.014 井身 shaft body
井颈以下到井底车场水平或提运装置的下端水平的一段井筒。

04.015 井窝 shaft sump
井身以下的一段井筒。

04.016 主井 main shaft
主要用于提运矿产品的井筒。

04.017 副井 auxiliary shaft, subsidiary shaft
主要用于提运人员、矸石、器材、设备和进风的井筒。

04.018 箕斗井 skip shaft
装备箕斗的井筒。

04.019 罐笼井 cage shaft
装备罐笼的立井。

04.020 混合井 skip-cage combination shaft
同时装备箕斗和罐笼的立井。

04.021 风井 ventilating shaft, air shaft
主要用于通风的井筒。

04.022 矸石井 waste shaft
主要用于提运矸石的井筒。

04.023 马头门 ingate
井底车场巷道与立井井筒连接、断面逐渐加大的过渡段。

04.024 井底车场 pit bottom, shaft bottom
位于开采水平,井筒附近的巷道与硐室的总称;是连接井筒提升与大巷运输的枢纽。

04.025 环行式井底车场 loop-type pit bottom
矿车列车作环状运行的井底车场。

04.026 折返式井底车场 zigzag-type pit bottom
矿车列车在同一条巷道的两条或两条以上轨道折返运行的井底车场。

04.027 硐室 [underground] room, [underground] chamber
为某种专门用途在井下开凿和建造的断面较大或长度较短的空间构筑物。

04.028 井底煤仓 shaft coal[-loading] pocket
井底车场内用于贮存煤炭的垂直或倾斜硐室。用于贮存矿石或矸石的分别称为"井底矿仓(shaft ore pocket)"或"井底矸石仓(shaft refuse pocket)"。

04.029 翻车机硐室 tippler pocket, rotary dump room
井底(或采区)车场内装有将矿车中的煤炭、矿石或矸石翻入煤仓、矿仓或矸石仓的翻车机的硐室。

04.030 箕斗装载硐室 skip loading pocket
连接井筒和井底煤仓、矿仓或矸石仓,装有将煤炭、矿石或矸石自动装入提升箕斗的装载设备的硐室。

04.031 主排水泵硐室 main pumping room
又称"中央水泵房"。通常设置在井底车场内,为全矿井服务、装有主排水设备的硐室。

04.032 水仓 [drain] sump
用以贮存井下涌水的一组巷道。

04.033 吸水井 draw-well, suction well
位于主排水泵硐室一侧、与水仓相通,供水泵吸水的小井。

04.034 配水巷 water distribution drift
连接各吸水井的巷道。

04.035　井下充电室　underground battery-charging room, underground battery-charging station
用于电机车蓄电池充电的硐室。

04.036　井下主变电硐室　underground central substation room, pit-bottom primary substation room
通常设置在井底车场内,服务于全矿井,装有变、配电设备的硐室。

04.037　井下[机车]修理间　underground locomotive repair room
维修电机车的硐室。

04.038　井下调度室　underground control room, pit-bottom dispatching room
位于井底车场内,供值班、调度人员工作的硐室。

04.039　[井下]等候室　pit-bottom waiting room
位于井底车场内副井附近,供人员升井、候车暂时休息用的硐室。

04.040　爆炸材料库　magazine
曾称"火药库"。经主管部门批准,按专门规定设计建造的,用以存放炸药、雷管等爆炸材料的建筑物或构筑物。包括"地面爆炸材料库(surface magazine)"和"地下爆炸材料库(underground magazine)"。

04.041　躲避硐　manhole, refuge pocket
在巷道一侧专为人员躲避行车或爆破作业危害而开凿的硐室。

04.042　腰泵房　stage pump room
凿井时,在井身侧帮开凿的、用作中间转水站的硐室。

04.043　巷道　drift, roadway
服务于地下开采,在岩体或矿层中开凿的不直通地面的水平或倾斜通道。

04.044　水平巷道　[horizontal] drift, entry
简称"平巷"。近于水平的巷道。

04.045　倾斜巷道　inclined drift
简称"斜巷"。有明显坡度的巷道。

04.046　岩石巷道　rock drift
简称"岩巷"。在掘进断面中,岩石面积占全部或绝大部分(一般大于4/5)的巷道。

04.047　煤巷　coal drift
在掘进断面中,煤层面积占全部或绝大部分(一般大于4/5)的巷道。

04.048　煤-岩巷　coal-rock drift
又称"半煤岩巷"。在掘进断面中,岩石或煤所占面积介于岩巷和煤巷之间的巷道。

04.049　人行道　pedestrain way, sidewalk, man way
矿井中专供行人的巷道;或斜井、巷道一侧专供行人的通道。

04.050　交岔点　intersection, junction
巷道的交叉或分岔处。

04.051　井筒安全道　reserve way, escape way
由井筒经井颈部通达地面的人行通道。

04.052　管子道　pipe way
专门用于安装排水管路的通道。通常指由主排水泵硐室至副井井筒敷设排水管的一段通道。

04.053　暖风道　preheated-air inlet
在寒冷地区,专为井下输送暖风用的由井口空气加热室到井颈部的一段通道。

04.054　检修道　maintaining roadway
在装有带式输送机的斜井井筒或巷道中,为检修设备铺有钢轨的那一部分通道。

04.055　单项工程　individual project
能单独立项,建成后能独立形成生产能力或

规模的建设工程。

04.056 单位工程 unit project
在单项工程中,能相对独立的建设工程。

04.057 矿井建设周期 [underground] mine construction period
矿井建设从立项开始到按设计要求全部建成投产为止的全部时间。

04.058 矿井施工准备期 preparation stage of [underground] mine construction
矿井建设从办妥土地征购、施工人员进场开始到一个井筒正式开工之日止的全部时间。

04.059 井巷过渡期 transition stage from shaft to drift
从井筒施工结束、转入井底车场平巷施工,到完成提升、排水、通风、运输、供电等设施改装的全部时间。

04.060 建井期 [underground] mine construction stage
又称"施工期"。矿井建设从井筒正式开工之日起到交付生产的全部时间。其中包括完成设计规定的投产前应完成的井下、地面和有关配套工程,并经过试运转、试生产的时间。

04.061 矿井建设总工期 overall stage of [underground] mine construction
矿井施工准备期与建井期之和。

04.062 矿井建设关键线路 critical path of [underground] mine construction project
又称"主要矛盾线"。决定矿井建设最短总工期的、只能按顺序施工的线路。该线路上的各单位工程统称"关键工程(critical engineering [of mine construction project])"。

04.02 井 巷 掘 进

04.063 井巷掘进 shaft and drift excavation
进行井巷开挖及临时支护的作业。

04.064 井巷施工 sinking and drifting
进行井巷掘进、永久支护和配套工程施工的作业。

04.065 一次成井 simultaneous shaft-sinking
掘进、永久支护和井筒装备三种作业平行交叉施工,一次完成的井筒施工方法。

04.066 一次成巷 simultaneous drifting
掘进、永久支护和水沟掘砌作业,在一定距离内,相互配合、前后衔接、最大限度地同时施工,一次完成的巷道施工方法。

04.067 凿井 [shaft] sinking
井筒掘进及永久支护等作业的总称。

04.068 井巷工作面 sinking and drifting face
井巷掘进及支护的作业场所。

04.069 普通凿井法 conventional shaft sinking method
在稳定的或含水较少的地层中采用钻眼爆破或其他常规手段凿井的方法。

04.070 钻眼爆破法 drilling and blasting method
简称"钻爆法"。用打眼、装药、爆破的工艺进行采掘的方法。

04.071 超前井 pilot shaft
超前于井筒掘进工作面的集水小井。

04.072 板桩法 sheet piling method
在不稳定地层中,先在井巷周边密集地打入板桩,而后再掘进、支护的井巷施工方法。

04.073 撞楔法 wedging method

在不稳定地层或破碎带掘进或修复巷道时,先从巷道工作面支架的顶梁与棚腿的外侧成排地打入带有尖端的木板、型钢或钢轨,而后在其掩护下施工的方法。

04.074 掩护筒法 shielding method

又称"盾构法"。在不稳定地层中先顶入金属筒体,后在其掩护下进行井巷施工的方法。

04.075 全断面掘进法 full-face excavating method

井巷整个掘进断面一次同时开挖的方法。

04.076 导硐掘进法 pilot drifting method, pilot heading method

巷道或硐室施工时,先以小断面超前掘进,而后再扩大到设计断面的方法。

04.077 台阶工作面掘进法 bench-face driving method

巷道或硐室掘进工作面呈台阶状推进的方法。有"正台阶工作面掘进法(heading-and-bench [driving method])"和"倒台阶工作面掘进法(heading-and-overhand [driving method])"之分。

04.078 宽工作面掘进法 broad face driving method

在煤-岩巷道掘进中,挖掘煤层的宽度大于巷道设计宽度并将宽出部分用矸石充填的掘进方法。

04.079 独头掘进 blind heading

在很长的巷道内的单工作面掘进。

04.080 单工作面掘进 single heading

一个掘进班组仅在一条巷道内的一个工作面从事所有工序的掘进作业。

04.081 多工作面掘进 multiple heading

又称"多头掘进"。一个掘进班组于同一时间在几个邻近工作面分别从事不同工序的掘进作业。

04.082 贯通[掘进] holing-through, heading through, thirling

井巷掘进中,采用一个或两个工作面按预定方向与预定井巷或硐室接通的作业。

04.083 短路贯通 short cut holing of main and auxilliary shafts

主、副井井筒施工到井底车场水平后,为尽快给提升、通风、排水等设施的改装创造条件,在主、副井之间用最短巷道连通的作业。

04.084 净断面 net section, clear section

井巷有效使用的横断面。

04.085 掘进断面 excavated section

曾称"毛断面"。井巷掘进时开挖的符合设计要求的横断面。

04.086 特殊凿井法 special shaft sinking method

在不稳定或含水量很大的地层中,采用非钻爆法的特殊技术与工艺的凿井方法。

04.087 冻结凿井法 freeze sinking method

用制冷技术暂时冻结加固井筒周围不稳定地层并隔绝地下水后再进行凿井的特殊施工方法。

04.088 长短管冻结 staggered freezing

俗称"长短腿冻结";曾称"差异冻结"。根据井筒不同深度地层的不同情况和对冻结壁强度、厚度的不同要求,采用长、短冻结器间隔布置进行冻结的方法。

04.089 局部冻结 partial freezing

只对井巷的某一含水层或不稳定地段进行冻结的方法。

04.090 分段冻结 step freezing

又称"分期冻结"。将一个井筒所要冻结的深度分为数段,自上而下依次冻结的方法。

04.091 冻结器 freezing apparatus

安放在冻结孔内,由冻结管、供液管、回液管等组成的带底锥的金属管。用于冷媒剂与地层进行热交换。

04.092 冻结孔 freezing hole, freeze hole

安设冻结器的钻孔。

04.093 冻结壁 freezing wall, ice wall

曾称"冻土墙"。用制冷技术在井筒周围地层中形成的有一定厚度、深度和强度的封闭冻结圈。

04.094 冻结期 freezing period

为形成和维护冻结壁,连续向冻结器中输送冷媒剂的时间。包括冻结壁形成期和冻结壁维持期。

04.095 冻结壁形成期 formable period of freezing wall

曾称"积极冻结期"。从开始冻结至达到冻结壁的设计要求的时间。

04.096 冻结壁维持期 maintainable period of freezing wall

曾称"消极冻结期"。冻结壁形成后,为维持其设计要求,继续向冻结器输送冷媒剂的时间。

04.097 冻结壁交圈 closure of freezing wall

各相邻冻结孔的冻结圆柱逐步扩大,相互连接,开始形成封闭的冻结壁的现象。

04.098 冻结压力 pressure of freezing wall, freezing pressure

又称"冻涨力"。因介质冻结、体积膨胀而作用于井帮或井壁上的压力。

04.099 配液圈 brine distributing ring, brine delivery ring

用于向各冻结器的供液管输送冷媒剂的环形干管。

04.100 集液圈 brine collecting ring, brine return ring

用于汇集各冻结器回液管内冷媒剂的环形干管。

04.101 注浆 grouting

通过钻孔向有含水裂隙、空洞或不稳定的地层注入水泥浆或其他浆液,以堵水或加固地层的施工技术。

04.102 注浆孔 grouting hole

向地层注入浆液的钻孔。

04.103 注浆凿井法 grouting sinking method

注浆后再凿井的施工方法。

04.104 地面预注浆 pre-grouting from the surface

井筒开凿前,按设计要求由地面进行的注浆。

04.105 工作面预注浆 pre-grouting from the working face, pre-grouting from the drifting or sinking face

按设计要求在井巷掘进工作面进行的注浆。

04.106 [壁]后注浆 grouting behind shaft or drift lining

井巷支护后,按设计要求向壁后进行的注浆。

04.107 单液注浆 single fluid grouting

采用一种浆液和一套输浆系统进行的注浆。

04.108 双液注浆 two fluid grouting

采用两种浆液和两套输浆系统输浆,经混合器混合后进行的注浆。采用多种浆液时称为"多液注浆(multi-fluid grouting)"。

04.109 上行式注浆 upward grouting

在多含水层或厚含水层中采用地面预注浆时,钻孔一次至全深,自下而上分层或分段依次进行的注浆。

04.110 下行式注浆 downward grouting

在多含水层或厚含水层中采用地面预注浆时,钻孔与注浆自上而下分层或分段交替进行的注浆。

04.111 混合式注浆 multiple grouting

在多含水层中采用地面预注浆时,如渗透系数相差悬殊,先自上而下对渗透系数较大的岩层注浆,后自下而上对渗透系数较小的岩层进行的注浆。

04.112 混合器 mixer

双液注浆时,使两种浆液混合的装置。

04.113 止浆塞 stop-grouting plug

采用地面预注浆时,安设在注浆孔中暂不注浆地层或地段的浆液控制装置。

04.114 止浆岩帽 rock plug

井巷工作面预注浆时,暂留在含水层上方或前方能够承受最大注浆压力(压强)并防止向掘进工作面漏浆、跑浆的岩柱。

04.115 止浆垫 grout cover, grouting pad

井筒工作面预注浆时,预先在含水层上方构筑的,能够承受最大注浆压力(压强)并防止向掘进工作面漏浆、跑浆的混凝土构筑物。

04.116 止浆墙 wall for grouting

在巷道中需要注浆的地段,预先构筑的能够承受最大注浆压力(压强)并防止向巷道中漏浆、跑浆的混凝土构筑物。

04.117 注浆压力 grouting pressure

注浆时克服浆液流动阻力并使浆液扩散一定范围所需的压力(压强)。

04.118 注浆终压[力] final grouting pressure

注浆结束时注浆孔口的压力(压强)。

04.119 注浆段高 stage height of grouting

在厚含水层中将整个含水层划分为若干段依次注浆时,每段的注浆高度。

04.120 钻井[凿井]法 shaft drilling method, sinking by boring method

用钻井机钻凿立井井筒的方法。

04.121 钻井机进给力 drilling pressure, bit load

俗称"钻压"。钻井机钻头刀具给予钻井井底的垂直力。

04.122 泥浆护壁 mud off, shaft wall protection by drilling mud

采用钻井法时,利用井内泥浆的静压力(压强)平衡地压与水压,并使泥浆渗入围岩形成泥皮,以维护井帮的方法。

04.123 洗井 flushing, mud flush

采用钻井法时,使用连续流动介质将破碎下来的岩土碎屑从井底清除出井的作业。

04.124 泥浆净化 purification of drilling mud

为了重复使用返回地面后的洗井泥浆,将其中所携带的岩土碎屑分离出去的作业。

04.125 井壁筒 cylindrical shaft wall

在地面预制用作井壁的钢筋混凝土或混凝土圆筒。

04.126 漂浮下沉 floating and dropping method of cylindrical shaft wall

采用钻井法时,钻进结束后,在充满泥浆的井筒中,将预制的锅底形井壁底和井壁筒连接,克服泥浆的浮力,使其缓慢地下沉(相应地接长井壁筒),沉入井底的作业。

04.127 固井 consolidation of shaft wall, shaft wall cementing

井壁筒沉到井底找正操平后,通过管路向井壁筒外侧与井帮之间的环形空间注入相对密度大于泥浆的胶凝状浆液,将泥浆自下而上地置换出来并固结井壁筒的作业。

04.128 沉井 caisson

由刃脚和井壁筒组成的结构物。

04.129　[沉井]刃脚　cutting shoe of caisson
采用沉井凿井法时，为减少下沉的正面阻力，安设在沉井下端的刃状结构物。

04.130　沉井[凿井]法　drop shaft sinking method, caisson sinking method, shaft sinking by caisson method
在不稳定的表土层中，利用沉井自重或加压，采取各种减阻措施，边下沉边掘进，并相应接长井壁的凿井方法。

04.131　震动沉井[法]　caisson sinking method under forced vibration
在震动力的作用下，使沉井周围土壤流态化，以减少下沉阻力的沉井法。

04.132　淹水沉井[法]　caisson sinking method in submerged water
在沉井内灌满水，使沉井内外水、土压力（压强）平衡，以防止涌沙冒泥事故的沉井法。

04.133　壁后触变泥浆沉井法　drop shaft sinking method with mud filled behind the caisson
简称"触变泥浆沉井"。只在沉井外围灌注触变泥浆以减少下沉侧面阻力的沉井法。

04.134　压气沉井法　pneumatic caisson method, compressed-air caisson method
又称"压气沉箱法"。在沉井下部构筑无底腔室，并充入压缩空气，以杜绝下沉时涌沙冒泥的沉井法。

04.135　多级沉井[法]　drop shaft sinking method by multiple caisson
为减少侧面阻力面积，把沉井分为若干段，逐段缩小直径，依次下沉的沉井法。

04.136　套井　surface casing shaft guide-wall
又称"护井"。采用沉井凿井法时，在井口外围预先做成的直径略大于沉井并具有一定

深度的一段构筑物。

04.137　压气排碴　sediment draining-out with compressed-air
采用沉井凿井法时，利用空气吸泥机将沉井工作面的岩土排至地面的作业。

04.138　帷幕凿井法　concrete diaphragm wall method, curtain wall shaft sinking method
在不稳定的表土层中，沿井筒周围钻凿槽孔，灌注混凝土形成封闭的圆形保护墙后，在其保护下，再进行凿井的方法。

04.139　槽孔　trench hole
采用帷幕凿井法时，将钻凿好的相邻钻孔相互贯通，形成环形的具有一定深度的槽沟。

04.140　凿井井架　sinking headframe, sinking headgear
凿井专用的井口大型立体结构物。

04.141　天轮平台　sheave wheel platform
位于井架上端专为安设各种天轮用的框架结构平台。

04.142　卸矸台　strike board, strike tree
曾称"翻矸台"。开凿立井时，专为吊桶卸矸，在井口上方设置的结构物。

04.143　封口盘　shaft cover
又称"井盖"。为进行凿井工作并保障作业安全，在立井井口设置的带有井盖门和孔口的盘状结构物。

04.144　固定盘　shaft collar
又称"锁口盘"。为保障凿井作业安全并进行井筒测量等作业，在封口盘下方一定距离设置的，固定于井壁的盘状结构物。

04.145　吊盘　sinking platform, hanging scaffold
又称"工作盘"。服务于立井井筒掘进、永久支护、安装等作业，悬吊于井筒中可以升降

的双层或多层盘状结构物。

04.146 稳绳盘 tensioning frame
悬吊在立井井筒掘进工作面上方,主要用作固定和拉紧稳绳的盘状结构物。

04.147 滑架 crosshead, sinking crosshead
立井凿井时,为防止吊桶升降时横向摆动而安设在提升钩头上方的、沿稳绳滑行并带金属保护伞的框架。

04.148 安全梯 safety ladder, emergency ladder
立井凿井时,悬吊于井筒工作面上方,供紧急情况下人员安全升井的金属梯。

04.149 吊桶 sinking bucket, bucket
立井施工时,用以运出矸石,升降人员和器材等的桶形提升容器。

04.150 稳绳 guide rope
立井施工时,悬吊在井筒中专门用作吊桶升降导向的钢丝绳。

04.151 井口棚 pit-head shed
与凿井井架联合构成的井口临时建筑物。

04.152 稳车棚 winch shed
凿井期间,在井口附近专为凿井绞车修建的临时建筑物。

04.153 冷冻站 cooling plant, cooling station
采用冻结凿井法时,集中安设制冷设施的场所。

04.154 矸石山 waste dump, refuse heap
集中排放和处置矸石形成的堆积物。

04.155 装岩 mucking, muck loading
将矸石装入提升容器和运输设备的作业。

04.156 爬道 climbing tram-rail
为便于后卸式铲斗装载机紧跟巷道掘进工作面装岩,扣在轨道上可以向前移动的一副

槽形轨道。

04.157 临时短道 temporary short rail
当巷道掘进进尺不足以铺设一节标准钢轨时,为接长轨道而临时采用的一组短轨。

04.158 浮放道岔 move switch, superimposed crossing
供巷道掘进时调车用的,安放在原有轨道上可以移动的道岔。

04.159 调车器 car-transfer, car-changer
用以横向调车的可以移动的设施。

04.160 调车盘 transfer plate, turn plate
双轨巷道掘进工作面,紧跟装载机或转载机之后而设置的盘状调车设施。

04.161 [斜井]吊桥 lifting bridge for inclined shaft
为斜井井筒与平巷连通而设置的,能灵活适应多水平提升的桥式过车设施。

04.162 井筒装备 shaft equipment
在立井井筒中安装的罐道梁、罐道、井梁、梯子间和各种管、线等设施。

04.163 罐道 guide
提升容器在立井井筒中上下运行时的导向装置。包括"木罐道(wooden guide)"、"钢轨罐道(rail guide)"、"中空型钢罐道(shape-steel guide)"、"钢丝绳罐道([steel] rope guide)"等。

04.164 吊架 hanger
曾称"吊罐"。在立井井筒已安好罐道梁时,专门用作罐道安装和人员升降的框架结构物。

04.165 罐[道]梁 bunton
为固定刚性罐道,沿立井井筒纵向每隔一定距离安设的横梁。

04.166 井梁 shaft beam

立井井筒中不安装罐道的横梁。

04.167 基准梁 datum line beam

立井井筒第一层或每隔一定距离经过专门校正的、作为安装其下各层罐道梁基准的横梁。

04.168 管子间 pipe compartment

井筒中专门敷设管道的格间。

04.169 梯子间 ladder compartment, ladder way

井筒中设有梯子用作安全通路的四周封闭的隔间。

04.170 延深间 sinking compartment

立井井筒中专为后期井筒延深而预留的格间。

04.171 井筒延深 shaft deepening

将原生产井筒加深到新生产水平的工程。

04.172 下向井筒延深法 downward shaft deepening method

俗称"自上而下井筒延深法"。由原生产水平向下延深原生产井筒的方法。

04.173 上向井筒延深法 upward shaft deepening method

俗称"自下而上井筒延深法"。由新生产水平向上凿通原生产井筒的方法。

04.174 反向凿井 raising

俗称"打反井"。由下向上掘凿井筒。

04.175 吊罐 hanging cage

又称"吊笼"。反向凿井时,在上水平用绞车通过钻孔悬吊于立井井筒中,用于掘进作业的笼形结构物。

04.176 爬罐 creeping cage

反向凿井时,用于掘进作业的、可沿安装于立井井筒一侧的导轨上下爬行的、装有驱动装置和安全伞的笼形结构物。

04.177 保护岩柱 protective rock plug

在井筒延深段的顶部,为保护井筒延深作业安全而暂留的一段岩柱。

04.178 护顶盘 protection stage

为防止延深井筒保护岩柱的松动冒落,紧贴其下设置的承重结构物。

04.179 人工保护盘 protective bulkhead

为保障井筒延深作业安全,在原生产井筒的井窝内构筑的、阻挡坠落物的临时结构物。

04.03 井 巷 支 护

04.180 支架 support, timber

为维护围岩稳定和保障工作安全采用的杆件式结构物或整体式构筑物。

04.181 木支架 [wooden] timber

用木材做成的杆件式支架。

04.182 金属支架 metal support, steel support

用金属材料做成的杆件式支架。

04.183 砖石支架 masonry support

用砖或石材砌筑的支架。

04.184 混凝土支架 concrete support

用预制混凝土块或浇注混凝土砌筑的支架。

04.185 钢筋混凝土支架 reinforced-concrete support

用预制的钢筋混凝土构件或浇注的钢筋混凝土砌筑的支架。

04.186 混合支架 composite support, composite timber

用两种或两种以上材料做成的支架。

04.187　可缩性支架　yieldable support, compressible support
又称"柔性支架"。使用可缩性材料或(和)结构,在地压作用下能够适当收缩而不失去支承能力的支架。

04.188　刚性支架　rigid support
不使用可缩性材料或结构的、在地压作用下变形或位移很小的支架。

04.189　完全支架　full support, full timber
四周封闭的支架。

04.190　不完全支架　non-full support
四周不完全封闭的支架。

04.191　梯形支架　ladder-shaped support, ladder-shaped timber
呈梯形的完全或不完全支架。

04.192　矩形支架　rectangle support
呈矩形的完全或不完全支架。

04.193　拱形支架　arch support, arch set
顶部结构呈拱形的完全或不完全支架。

04.194　马蹄形支架　U-shaped support, horse-shoe set
呈马蹄形的完全或不完全支架。

04.195　圆形支架　circular support, circular set
整体呈圆形的完全支架。

04.196　椭圆形支架　ellipse support
整体呈椭圆形的完全支架。

04.197　顶梁支架　bar timber, back timber
俗称"无腿棚子"。巷道或硐室两帮稳定不需支撑,仅用顶梁支承顶板的支架。

04.198　顶梁　beam, roof timber, roof bar
俗称"棚梁"。在杆件式支架组成中位于顶

部的主要承载构件。

04.199　立柱　leg, post
俗称"棚腿"。在杆件式支架或液压支架中,立于底板、底梁或底座上,用于支撑顶梁的构件或部件(如液压缸)。

04.200　背板　set lagging, shuttering
安设在支架(井圈)外围,使地压均匀传递给支架并防止碎石掉落的构件。

04.201　撑杆　brace
增加杆件式支架之间的稳定性和整体性的构件。

04.202　拱硐　arch
简称"拱"、"硐"。用砖、石、混凝土或钢筋混凝土等建筑材料构筑的整体式弧形支架。

04.203　三心拱　three-centered arch
顶部由三段圆弧构成的拱硐。

04.204　半圆拱　semi-circular arch
顶部呈半圆形的拱硐。

04.205　马蹄拱　horse-shoe arch
整体呈马蹄形的拱硐。

04.206　圆拱　circular arch
又称"圆硐"。整体呈圆形的拱硐。

04.207　底拱　inverted arch, floor arch
又称"反拱";曾称"仰拱"。在巷道底板设置的、连接两侧墙体或岩体的、拱矢向下的拱硐。

04.208　硐岔　junction arch, intersection arch
巷道交岔处的拱硐。

04.209　穿尖硐岔　pierce through point junction arch
曾称"象鼻子硐"。拱高不变的硐岔。

04.210　牛鼻子硐岔　ox-nose-like junction

arch

拱高随交岔处跨度加大而增高的碹岔。

04.211 砌碹 arching, masonry-lining

曾称"发碹"。构筑拱碹的作业。

04.212 碹胎 arch center

砌碹时,用以支撑模板的骨架。

04.213 井圈 crib ring

立井掘进时,用以支撑背板维护围岩稳定的组装式圈形金属骨架。

04.214 井框 [wall] crib, curb

矩形立井井筒中,用以维护围岩稳定的杆件式木质框形支架。

04.215 基础井框 plugged crib, shaft curb

支承或悬吊井框的基座框。

04.216 井壁 shaft wall, shaft lining

在井筒围岩表面构筑的具有一定厚度和强度的整体构筑物。

04.217 复合井壁 composite shaft lining

分层施工构筑的,或用两种以上建筑材料构筑的井壁。

04.218 丘宾筒 [shaft] tubbing

用钢、铁或钢筋混凝土制成的,带有凸缘和加强肋的弧形板块组装的筒形支架。

04.219 壁座 walling crib, shaft crib

为支撑向上砌筑段井壁和悬挂向下掘进段临时支架,在井筒围岩中开凿并构筑的混凝土或钢筋混凝土基座。

04.220 梁窝 beam nest, bunton hole

为安装各种梁,在井壁或巷壁中开凿或预留的洞穴。

04.221 支护 supporting

锚杆、支架及其安设作业或构筑作业。

04.222 井巷支护 shaft and drift supporting

泛指井筒、巷道和硐室的支护。

04.223 临时支护 temporary supporting, false supporting

在永久支护前,为暂时维护围岩稳定和保障工作面安全而进行的支护。

04.224 永久支护 permanent supporting

在井巷服务年限内,为维护围岩稳定而进行的支护。

04.225 超前支护 forepoling, advance timbering

在松软或破碎带,为了防止岩石冒落,超前于掘进工作面进行的支护。

04.226 联合支护 combined supporting

采用两种或两种以上支架共同维护围岩稳定的支护。

04.227 锚杆 rockbolt, bolt

锚固岩体、维护围岩稳定的杆状结构物。

04.228 锚杆支护 bolt supporting

单独采用锚杆的支护。

04.229 喷浆支护 gunite, guniting

利用压缩空气将水泥砂浆喷射到岩体表面的支护。

04.230 喷混凝土支护 shotcreting

利用压缩空气将混凝土喷射到岩体表面的支护。

04.231 锚喷支护 bolting and shotcreting

又称"喷锚支护"。联合使用锚杆和喷混凝土或喷浆的支护。

04.232 锚网支护 bolting with wire mesh

锚杆加金属网的支护。

04.233 锚喷网支护 bolting and shotcreting with wire mesh

联合使用锚网和喷混凝土或喷浆的支护。

04.234　新奥法　New Austrian Tunneling Method, NATM

全称"奥地利隧道新施工法"。奥地利人 L. v. Rabcewicz 根据本国多年隧道施工经验总结出的一种施工法。特点是采用光面爆破；以锚喷作一次支护，必要时加钢拱支架；根据围岩地压及变形实测数据，再合理进行二次支护；对软岩强调封底。

04.235　干喷[法]　dry shotcreting method, dry mixed method

利用压缩空气将水泥砂浆或混凝土的干拌合料输送到喷射机喷头处再加水混合的喷射方法。

04.236　潮喷[法]　wet shotcreting method, wet mixed method

利用压缩空气将具有一定湿度的骨料和水泥拌合物输送到喷射机喷头处再加水混合的喷射方法。

04.237　湿喷[法]　dampen shotcreting method

将拌制好的混凝土或水泥砂浆，利用喷射机喷射的方法。

04.04　爆　　破

04.238　爆炸材料　explosive material, explosives

又称"爆炸物品"；曾称"爆破材料"。炸药与起爆材料的总称。

04.239　炸药　explosive

在一定能量作用下，无需外界供氧时，能够发生快速化学反应，生成大量的热和气体产物的物质。单一化合物的炸药称"单质炸药 (single-compound explosive)"，两种或两种以上物质组成的炸药称"混合炸药(composite explosive)"。

04.240　岩石炸药　rock explosive

用于地面以及无瓦斯和(或)煤尘爆炸危险的煤矿井下爆破岩石的混合炸药。

04.241　露天炸药　opencast explosive

只适用于地面或露天矿爆破作业的炸药。

04.242　煤矿许用炸药　permitted explosive for coal mine

曾称"煤矿炸药"、"安全炸药"。经主管部门批准，符合国家安全规程规定、允许在有瓦斯和(或)煤尘爆炸危险的煤矿井下工作面或工作地点使用的炸药。

04.243　硝酸铵类炸药　ammonium nitrate explosive

曾称"硝安炸药"、"硝铵炸药"。以硝酸铵为主、加有可燃剂或再加敏化剂(硝化甘油除外)，可用雷管起爆的混合炸药。

04.244　硝化甘油类炸药　nitroglycerine explosive, gelatinous explosive

硝化甘油被可燃剂和(或)氧化剂等吸收后组成的混合炸药。

04.245　胶质炸药　gelatin dynamite

曾称"胶质代那买特"。以硝酸盐和胶化的硝化甘油或胶化的爆炸油(硝化甘油和硝化乙二醇或硝化二乙二醇的混合物)为主要组分的胶状硝化甘油类炸药。

04.246　铵梯炸药　AN-TNT containing explosive, ammonit

曾称"硝铵炸药"、"硝安炸药"。以梯恩梯为敏化剂的硝酸铵类炸药。

04.247　铵油炸药　ammonium nitrate fuel oil mixture, ANFO

又称"铵油爆破剂"。由硝酸铵、燃料油[和木粉等]组成的硝酸铵类炸药。

04.248 含水炸药 water-based explosive, water-bearing explosive

以氧化剂水溶液和可燃剂为基本成分的,含水量一般为 10%—20% 的混合炸药。

04.249 浆状炸药 slurry explosive, slurry

由可燃剂和(或)敏化剂分散在以硝酸铵为主的氧化剂的水溶液中,经稠化而制成的悬浮状或糊状含水炸药。

04.250 水胶炸药 water gel [explosive]

硝酸甲胺的微小液滴分散在含有多孔物质、以硝酸盐为主的氧化剂水溶液中,经稠化、交联而制成的凝胶状含水炸药。

04.251 乳化炸药 emulsion [explosive]

通过乳化剂的作用,使以硝酸盐为主的氧化剂水溶液微滴均匀地分散在含有气泡或多孔性物质的油相连续介质中而形成的油包水型膏状含水炸药。

04.252 被筒炸药 sheathed explosive

以煤矿许用炸药为药芯,外包以消焰剂做的被筒而制成的安全度较芯药更高的煤矿许用炸药。

04.253 离子交换[型]炸药 ion-exchanged explosive

含有离子交换盐对(硝酸钠或硝酸钾和氯化铵)和硝化甘油的煤矿许用炸药。

04.254 起爆药 initiating explosive, primary explosive

在较小外界能量作用下,可急速由爆燃转爆轰的炸药。

04.255 猛炸药 secondary explosive, brisant explosive

曾称"高级炸药"、"烈性炸药"。在较大外界能量作用下才能起爆,利用爆轰释放出来的能量对周围介质作功的炸药。

04.256 黑火药 black powder

曾称"黑药"。由硝酸钾、硫黄和木炭组成的混合物。

04.257 敏化剂 sensitizer, sensitizing agent

又称"敏感剂"。用以提高混合炸药起爆感度的物质。

04.258 消焰剂 flame-cooling agent

曾称"阻化剂"。能缩短炸药爆炸时产生的火焰长度及持续时间,降低炸药的爆温,并能对可燃气体或煤尘的氧化反应起负催化作用的物质。

04.259 爆炸 explosion

在极短时间内,释放出大量能量,产生高温,并放出大量气体,在周围介质中造成高压的化学反应或状态变化。

04.260 爆轰 detonation

曾称"爆炸"、"爆震"。爆轰波在炸药中自行传播的现象。其反应区向未反应物质中推进速度大于未反应物质中的声速。

04.261 爆轰波 detonation wave

曾称"爆炸波"。伴有快速化学反应的冲击波。

04.262 冲击波 shock wave

曾称"击波"、"激震波"、"激波"。使介质状态参数突跃、并以超声速传播的压力波。

04.263 爆燃 deflagration

炸药迅速燃烧的现象,其反应区向未反应物质中推进速度小于未反应物质中的声速。

04.264 爆速 detonation velocity

爆轰波在炸药中传播的速度。

04.265 爆炸压[力] explosion pressure

炸药爆炸时生成的热气体所产生的压力(压强)。

04.266 爆轰压[力] C-J detonation pressure, detonation pressure

简称"爆压"。在 C-J 假设的模型中,炸药爆轰时爆轰波在化学反应区末端面的压力(压强)。

04.267　炸药作功能力　[explosive] power, [explosive] strength
又称"威力";曾称"爆力"。炸药爆炸产物对周围介质所作的总功。

04.268　感度　sensitivity
爆炸材料在外界能量作用下发生爆炸的难易程度。根据外界作用不同,可分为"热感度(heat sensitivity)"、"火焰感度(flame sensitivity)"、"撞击感度(impact sensitivity)"、"摩擦感度(friction sensitivity)"、"起爆感度(initiation sensitivity)"(又称"爆轰感度(detonation sensitivity)")、"冲击波感度(shock-wave sensitivity)"、"静电火花感度(electrostatic-spark sensitivity)"、"静电感度(electrostatic sensitivity)"和"射频感度(radio-frequency sensitivity)"等。

04.269　猛度　brisance
炸药爆轰时粉碎与其接触介质的能力。

04.270　氧平衡　oxygen balance
炸药含氧量与炸药中所含可燃元素完全氧化所需氧量之间的相差程度。多余时称"正氧平衡(positive oxygen balance)",不足时称"负氧平衡(negative oxygen balance)",相等时称"零氧平衡(zero oxygen balance)"。

04.271　药卷密度　cartridge density
药卷单位体积所含炸药的质量。

04.272　临界直径　critical diameter
在一定的装药密度条件下,爆轰能稳定传播的最小装药直径。

04.273　殉爆　sympathetic detonation, detonation by influence
炸药(主爆药)爆轰时引起与其相隔一定距离的另一炸药(受爆药)爆轰的现象。

04.274　殉爆距离　gap distance, transmission distance
曾称"殉爆度"。主爆药与受爆药之间发生殉爆的概率为 100 % 的最大距离。

04.275　殉爆安全距离　safety gap distance, safety distance by sympathetic detonation
主爆药与受爆药之间发生殉爆的概率为 0 % 的最小距离。

04.276　聚能效应　cavity effect, shaped-charge effect
曾称"空穴效应"、"锥孔效应"、"空心装药效应"。在一端有空穴的炸药装药爆轰时,爆轰产物在空穴的轴线方向上汇聚,并在这个方向上增强破坏作用的现象。

04.277　间隙效应　channel effect, pipe effect
曾称"管道效应"、"沟槽效应"。当炮眼直径与药卷(包)直径之间的间隙值在一定范围内时,造成长柱状装药传爆中断的现象。

04.278　起爆材料　initiating device, initiation device
装有一定量炸药的、可用预定的外界能激发而产生的效应完成起爆功能的元件和小型装置。

04.279　雷管　detonator, cap
由外界能激发,并可靠地引起其后的起爆材料或猛炸药爆轰的起爆材料。

04.280　火雷管　plain detonator, fuse cap
曾称"火管"。用火焰激发的雷管。

04.281　电雷管　electric detonator
曾称"电管"。以电能激发的雷管。激发后瞬时爆炸的称"瞬发电雷管(instantaneous electric detonator)",隔一定时间爆炸的称"延期电雷管(delay electric detonator)";按延期间隔时间不同,分"秒延期电雷管(se-

cond delay electric detonator)"、"毫秒延期电雷管(millisecond delay electric detonator)";具有抗静电性能的称"抗静电电雷管(antistatic electric detonator)"。

04.282 煤矿许用电雷管 permitted electric detonator for coal mine
经主管部门批准,允许在有瓦斯和(或)煤尘爆炸危险的煤矿井下使用的电雷管。

04.283 导爆管雷管 Nonel detonator
由导爆管的冲击波冲能激发的雷管。

04.284 磁电雷管 Magnedat, magnetoelectric detonator
由电磁感应产生的电能激发的雷管。

04.285 最大不发火电流 maximum non-firing current
电雷管达到规定的不发火概率所能施加的最大电流。

04.286 最小发火电流 minimum firing current
曾称"最小准爆电流"、"最低准爆电流"。电雷管达到规定的发火概率所需施加的最小电流。

04.287 电雷管安全电流 safety current of detonator
曾称"最大安全电流"、"最高安全电流"。在电雷管的最大不发火电流和要求的设计裕度下,保证电雷管在规定时间内不发火的恒定直流电流。

04.288 脚线 leg wire, leading wire
电雷管传导电流的绝缘导线。

04.289 导火索 safety fuse, blasting fuse
曾称"导火线"。以黑火药为药芯,外覆包覆层和防潮层(或外覆塑料管),能连续匀速传递火焰的索类起爆材料。

04.290 导爆索 detonating cord, detonating fuse
以猛炸药为药芯,外覆包覆层和防潮层(或外覆塑料管),能传递爆轰波的索类起爆材料。

04.291 导爆管 Nonel
又称"塑料导爆管";曾称"诺内尔管"。内壁附着猛炸药、以低速传递爆轰波的塑料细管。

04.292 [毫秒]继爆管 delay connector, millisecond connector
又称"延期继爆管"。与导爆索配合使用的毫秒延期传爆元件。

04.293 电爆网路 electric blasting circuit
给成组的电雷管输送起爆电能的网路。通常由起爆电源、爆破母线、连接线和电雷管脚线连接组成。连接的方式有串联、并联、混联等。

04.294 发爆器 blasting machine, exploder
又称"起爆器";曾称"放炮器"。供给电爆网路上的电雷管起爆电能的器具。

04.295 发爆能力 firing capability
曾称"放炮能力"。发爆器能够一次起爆的电雷管数。

04.296 爆破母线 shot-firing cable, leading wire
曾称"放炮母线"。连接(或通过连接线连接)电雷管脚线与起爆电源的导线。

04.297 炮眼 blast hole, borehole
在爆破介质中钻凿的用以装药爆破的孔眼。在露天爆破中通称"炮孔"。

04.298 掏槽眼 cut hole, breaking-in hole
在工作面上首先爆破以造成第二个自由面的一组炮眼。

04.299 周边眼 periphery hole, contour hole

在井巷工作面为控制掘进断面周边而钻凿的炮眼。

04.300 辅助眼 satellite hole, easer hole
曾称"扩槽眼"。在掏槽眼与周边眼之间钻凿的炮眼。

04.301 顶眼 roof hole
在采掘工作面顶部钻凿的炮眼。

04.302 底眼 bottom hole
在采掘工作面底部钻凿的炮眼。

04.303 帮眼 flank hole, end hole
在巷道掘进工作面两帮钻凿的炮眼。

04.304 直眼掏槽 burn cut, shatter cut
曾称"平行空眼掏槽"。掏槽眼均垂直于掘进工作面,彼此间距较小,并有不装药空眼的掏槽方式。

04.305 斜眼掏槽 angled cut, oblique cut
掏槽眼与采掘工作面斜交的掏槽方式。

04.306 混合掏槽 combinational cut, combination burn cut
直眼与斜眼相结合的掏槽方式。

04.307 分阶掏槽 composite cut
立井掘进工作面,掏槽眼呈2—3圈同心圆布置,内浅外深,由内向外顺序起爆的掏槽方式。

04.308 炮眼密集系数 concentration coefficient of holes
曾称"临近系数"。炮眼间距与最小抵抗线的比值。

04.309 炮眼间距 spacing [of holes]
简称"眼距"。同排或同圈炮眼中心之间的距离。

04.310 [炮眼]排距 row spacing
炮眼排与排间的距离。炮眼圈与圈间的距离称为"[炮眼]圈距(ring spacing)"。

04.311 炮眼深度 hole depth
由炮眼底至工作面的垂直距离。

04.312 超钻深度 over-drilling depth
又称"超深"、"超钻"。台阶爆破时,炮孔深度超过坡底线水平的距离。

04.313 炮眼长度 hole length
沿炮眼轴线由眼底至眼口的长度。

04.314 最小抵抗线 minimum burden, line of least resistance
从装药重心到自由面的最短距离。

04.315 坡顶距 hole to bench edge distance
台阶上外行炮孔中心至坡顶线的距离。

04.316 装药 charge
装在炮眼或待爆硐室内,包括起爆药卷的炸药。

04.317 起爆 initiating, initiation
激发炸药使其爆炸的过程。

04.318 起爆药卷 primer [cartridge]
曾称"炮头"、"引药"。用以起爆其它猛炸药或爆破剂,装有雷管或导爆索的药卷或药包。

04.319 集中装药 concentrated charge
一般指长度与直径之比小于4的装药。

04.320 柱状装药 column charge
又称"圆柱装药";曾称"长条装药"。一般指长度与直径之比大于4的装药。

04.321 装药结构 loaded constitution
炸药在炮眼中装填的状态。连续密接的称"连续装药(column charge)",分成数段的称"间隔装药(broken charge)";装药直径基本等于炮眼直径的称"耦合装药(coupling charge)",装药直径明显小于炮眼直径的称"不耦合装药(decoupling charge)"。

04.322 装药不耦合系数 coefficient of decoupling charge, decoupling index of charge

炮眼直径与装药直径的比值。

04.323 装药长度系数 loading factor

曾称"装药系数"。装药长度与炮眼长度的比值。

04.324 装药体积系数 loading density

曾称"装药密度系数"。装药体积与装药段炮眼体积的比值。

04.325 装药密度 charge density

装药段单位炮眼体积的装药量。

04.326 装药量 charge quantity

装入炮眼或待爆硐室内的炸药质量。

04.327 单位炸药消耗量 powder factor, explosive factor

爆破单位体积岩石或煤消耗的炸药质量。

04.328 炮泥 stemming [material]

堵塞炮眼的惰性材料。用塑料薄膜袋充水做成的炮泥称"水炮泥(water stemming)"。

04.329 爆破 blasting, shooting

用炸药破碎物体的作业。

04.330 爆破漏斗 blasting cone, crater

装药在介质内爆破后于自由面处形成的漏斗形爆坑。

04.331 爆破漏斗半径 crater radius

爆破漏斗锥底圆的半径。

04.332 爆破作用指数 crater index

爆破漏斗半径与最小抵抗线的比值。

04.333 全断面一次爆破 full-face blasting

井巷整个工作面上一个掘进循环的全部炮眼的装药一次起爆的爆破方法。

04.334 缓冲爆破 cushion blasting, cushioned blasting

炮孔间距较小,采用不耦合装药或间隔装药,用以维护边坡稳定的控制爆破。

04.335 光面爆破 smooth[-surface] blasting

曾称"周边爆破"、"轮廓爆破"、"修边爆破"。爆破后岩体轮廓面成形规整,围岩稳定,无明显炮震裂缝的控制爆破。

04.336 预裂爆破 presplitting blasting, preshearing

在爆破岩体的轮廓线上的炮眼采用不耦合装药并先于其它炮眼爆破,形成连通裂缝的控制爆破。

04.337 药壶爆破 springing blasting, pocket shot

在炮眼底部先少量装药爆破成壶状,再装药爆破的方法。

04.338 台阶爆破 bench blasting

曾称"梯段爆破"、"阶段爆破"。在露天采场台阶上进行爆破的方法。

04.339 裸露爆破 adobe blasting, mudcap blasting

曾称"放糊炮"、"放明炮"、"放贴炮"。在岩体表面上直接贴敷炸药或再盖上泥土进行爆破的方法。

04.340 水封爆破 water infusion blasting

以水炮泥填塞炮眼用以降低粉尘的爆破方法。

04.341 延期爆破 delay blasting

曾称"迟发爆破"。以预定的时间间隔依次起爆各炮眼或各排、各圈炮眼的爆破方法。

04.342 毫秒爆破 millisecond blasting

曾称"微差爆破"。相邻炮眼或药包群之间的起爆时间间隔以毫秒计的延期爆破。

04.343 控制爆破 controlled blasting

对爆破介质的破坏方向、范围、程度和爆破

有害效应进行严格控制的爆破技术。

04.344　松动爆破　standing shot
爆破时岩体只碎裂不飞散的爆破方法。

04.345　硐室爆破　coyote blasting, chamber blasting
将大量装药装入专用硐室或专用巷道内进行爆破的方法。

04.346　压碴爆破　buffer blasting
曾称"留碴爆破"。在露天采场台阶坡面上留有上次的爆堆情况下进行爆破的方法。

04.347　定向抛掷爆破　directional pinpoint blasting
能将大量岩土按预定方向抛掷到要求位置，并堆积成一定形状的爆破技术。

04.348　正向起爆　direct initiation, direct priming
起爆药包位于柱状装药的外端,靠近炮眼口,雷管底部朝向眼底的起爆方法。

04.349　反向起爆　indirect initiation, indirect priming
起爆药包位于柱状装药的里端,靠近或在炮眼底,雷管底部朝向炮眼口的起爆方法。

04.350　残眼　socket, unshot toe
又称"残孔",俗称"炮窝子"。爆破后残留的一段炮眼。

04.351　炮眼利用率　blast hole utilization factor, efficiency of borehole
又称"炮眼利用系数"。工作面一次爆破的循环进度与炮眼平均深度的比值。

04.352　炮眼爆破率　efficiency of hole blasting
单位炮眼长度所爆破的矿岩量。在露天爆破中通称"炮孔爆破率"。

04.353　自由面　free face, free surface
曾称"临空面"。被爆介质与空气的接触面。

04.354　拒爆　misfire
俗称"瞎炮"、"哑炮"、"盲炮"。起爆后,爆炸材料未发生爆炸的现象。

04.355　熄爆　incomplete detonation
又称"不完全爆炸";曾称"半爆"。爆轰波不能沿炸药继续传播而中止的现象。

04.356　早爆　premature explosion
爆炸材料比预定起爆时间提前爆炸的现象。

04.357　迟爆　hangfire
爆炸材料比预定起爆时间滞后爆炸的现象。

04.358　欠挖　underbreak
爆破后,井巷断面周界小于设计尺寸的现象。

04.359　超挖　overbreak
爆破后,井巷断面周界大于设计尺寸的现象。

04.360　底盘抵抗线　toe burden, bench bottom burden
台阶上,外排炮孔轴线至坡底线的水平距离。

04.361　爆堆　blasting muckpile
爆破后形成的岩石松散堆积体。

04.362　根底　tight bottom
爆破后,台阶底部残留的未炸掉的岩体。

04.363　伞檐　umbrella rock
爆破后,台阶顶部残留的未炸掉的岩体。

04.364　后冲　crazing of top bench
曾称"后冲作用"。爆破后,台阶后壁上部岩体新形成的裂缝现象。

05. 煤 矿 开 采

05.01 矿区开发和煤矿设计

05.001 矿区规模 mining area capacity
矿区均衡生产时期的生产能力。

05.002 矿区开发可行性研究 feasibility study for mining area exploitation
对矿区开发的必要性、主要技术原则方案及其技术经济合理性进行全面论证和综合评价的研究。

05.003 矿区总体设计 general design of mining area
对矿区建设规模、矿田划分,矿山生产能力和建设顺序,辅助和附属企业的建设以及外部协作条件等进行的全面设计。

05.004 矿区地面总体布置 general surface layout of mining area
对矿区内企业工业场地、设施和居民生活区布局进行的全面规划。

05.005 井田境界 [underground] mine field boundary
又称"井田边界"。矿井开采的边界。

05.006 井田尺寸 [underground] mine field size
井田范围内煤层的走向长度、倾斜长度、倾斜方向的水平宽度及井田面积。

05.007 矿井井型 production scale of [underground] mine
按矿井设计年生产能力大小划分的矿井类型。一般分大型、中型、小型矿井三种。

05.008 露天矿规模 surface mine capacity
按露天矿设计年生产能力大小划分的露天矿类型。一般分大型、中型、小型露天矿三种。

05.009 薄煤层 thin seam
地下开采时厚度 1.3m 以下的煤层;露天开采时厚度 3.5m 以下的煤层。

05.010 中厚煤层 medium-thick seam
地下开采时厚度 1.3—3.5m 的煤层;露天开采时厚度 3.5—10m 的煤层。

05.011 厚煤层 thick seam
地下开采时厚度 3.5m 以上的煤层;露天开采时厚度 10m 以上的煤层。

05.012 近水平煤层 flat seam
地下开采时倾角 8° 以下的煤层;露天开采时倾角 5° 以下的煤层。

05.013 缓[倾]斜煤层 gently inclined seam
地下开采时倾角 8—25° 的煤层;露天开采时倾角 5—10° 的煤层。

05.014 中斜煤层 inclined seam, pitching seam
又称"倾斜煤层"。地下开采时倾角 25—45° 的煤层;露天开采时倾角 10—45° 的煤层。

05.015 急[倾]斜煤层 steeply pitching seam, steep seam
地下或露天开采时倾角 45° 以上的煤层。

05.016 近距离煤层 contiguous seams
煤层群层间距离较小,开采时相互有较大影响的煤层。

05.017 矿井可行性研究 [underground] mine feasibility study

对拟建矿井的必要性、技术可行性和经济合理性进行科学论证和具体分析的研究。

05.018 露天矿可行性研究 surface mine feasibility study

对拟建露天矿的必要性、技术可行性和经济合理性进行科学论证和具体分析的研究。

05.019 矿井设计 [underground] mine design

对拟建矿井的开拓、开采等主要生产系统、辅助环节、配套设施和安全措施等进行的全面的设计。

05.020 露天矿设计 surface mine design

对拟建露天矿的开拓、开采等主要生产系统、辅助环节、配套设施和安全措施等进行的全面设计。

05.021 矿井初步设计 preliminary [underground] mine design

在矿井可行性研究基础上,为选择和确定拟建矿井重大技术决策的初步方案和所需设备,以及为编制矿井主要技术经济指标和总概算等进行的设计。

05.022 露天矿初步设计 preliminary surface mine design

在露天矿可行性研究基础上,为选择和确定拟建露天矿重大技术决策的初步方案和所需设备,以及为编制露天矿主要技术经济指标和总概算等进行的设计。

05.023 矿井施工设计 [underground] mine construction design

为矿井施工提供施工图纸、预算和有关说明书所作的设计,包括矿井施工组织设计和施工图设计。

05.024 露天矿施工设计 surface mine construction design

为露天矿施工提供施工图纸、预算和有关说明书所作的设计,包括露天矿施工组织设计

和施工图设计。

05.025 矿井设计储量 designed [underground] mine reserves

矿井精查地质报告提供的能利用储量减去设计计算的断层、防水、井田境界等煤柱后剩余的储量。

05.026 露天矿设计储量 designed surface mine reserves

露天矿开采境界内的工业储量。

05.027 矿井可采储量 workable [underground] mine reserves

矿井设计储量减去工业场地、地面建筑物和构筑物、井下主要巷道等保护煤柱后乘以采区采出率所得到的储量。

05.028 露天矿可采储量 workable surface mine reserves

露天矿设计储量乘以采出率所得到的储量。

05.029 储量备用系数 reserve factor of mine reserves

为保证矿山有可靠服务年限而在计算时对储量采取的富裕系数。

05.030 矿井设计生产能力 designed [underground] mine capacity

设计中规定的矿井在单位时间(年或日)内采出的煤炭或其它矿产品的数量。

05.031 露天矿设计生产能力 designed surface mine capacity

设计中规定的露天矿在单位时间(年或日)内采出煤炭或其它矿产品的数量。

05.032 煤层产出能力 coal seam productive capacity

曾称"煤层生产能力"。煤层单位面积内的煤炭储量。

05.033 矿井服务年限 [underground] mine life

按矿井可采储量、设计生产能力,并考虑储量备用系数计算出的矿井开采年限。

05.034 露天矿服务年限 surface mine life
按露天矿可采储量、设计生产能力,并考虑储量备用系数计算出的露天矿开采年限。

05.035 矿井开拓设计 [underground] mine development design
为选择矿井开拓方案及确定有关参数而进行的设计。

05.036 露天矿开拓设计 surface mine development design
为选择露天矿开拓方案及确定有关参数而进行的设计。

05.037 采区设计 mining-district design, panel design
采区内准备巷道布置和采煤方法的方案设计和采区施工图设计。

05.02 井田开拓和采区准备

05.038 [井田]开拓 [underground] mine field development
由地表进入煤层为开采水平服务所进行的井巷布置和开掘工程。

05.039 立井开拓 vertical shaft development
主、副井均为立井的开拓方式。

05.040 斜井开拓 inclined shaft development
主、副井均为斜井的开拓方式。

05.041 平硐开拓 adit development, drift development
用主平硐的开拓方式。

05.042 综合开拓 combined development
采用立井、斜井、平硐等任何两种或两种以上的开拓方式。

05.043 分区域开拓 areas development
大型井田划分为若干具有独立通风系统的开采区域、并共用主井的开拓方式。

05.044 阶段 horizon
沿一定标高划分的一部分井田。

05.045 阶段垂高 horizon interval
又称"阶段高度"。阶段上下边界之间的垂直距离。

05.046 阶段斜长 inclined length of horizon
阶段上部边界至下部边界沿煤层倾斜方向的长度。

05.047 [开采]水平 mining level, gallery level
运输大巷及井底车场所在的水平位置及所服务的开采范围。

05.048 辅助水平 subsidiary level
在开采水平内,因生产需要而增设有运输大巷的水平位置及所服务的开采范围。

05.049 开采水平垂高 lift, level interval
又称"水平高度"。开采水平上下边界之间的垂直距离。

05.050 矿井延深 shaft deepening
为接替生产而进行的下一开采水平的井巷布置及开掘工程。

05.051 采区准备 preparation in district
采区(盘区、带区)内主要巷道的掘进和设备安装工作。

05.052 采区 district
阶段或开采水平内沿走向划分为具有独立生产系统的开采块段。近水平煤层采区又称"盘区(panel)";倾斜长壁分带开采的采区又称"带区(strip district)"。

05.053　分段　sublevel
曾称"小阶段"、"亚阶段"、"分阶段"。在阶段内沿倾斜方向划分的开采块段。

05.054　区段　district sublevel
在采区内沿倾斜方向划分的开采块段。

05.055　分带　strip
在带区内沿走向划分的开采块段。

05.056　前进式开采　advancing mining
(1) 自井筒或主平硐附近向井田边界方向依次开采各采区的开采顺序;
(2) 采煤工作面背向采区运煤上山(运输大巷)方向推进的开采顺序。

05.057　后退式开采　retreating mining
(1) 自井田边界向井筒或主平硐方向依次开采各采区的开采顺序;
(2) 采煤工作面向运煤上山(运输大巷)方向推进的开采顺序。

05.058　往复式开采　reciprocating mining
前一采煤工作面推进到终采线位置后,相邻的后续采煤工作面按相反方向推进的开采方式。

05.059　上行式开采　ascending mining, upward mining
分段、区段、分层或煤层由下向上的开采顺序。

05.060　下行式开采　descending mining, downward mining
分段、区段、分层或煤层由上向下的开采顺序。

05.061　开拓巷道　development roadway
为井田开拓而开掘的基本巷道。如井底车场、运输大巷、总回风巷、主石门等。

05.062　准备巷道　preparation roadway
为准备采区而掘进的主要巷道。如采区上、下山,采区车场等。

05.063　回采巷道　entry, gateway, gate
又称"采煤巷道"。形成采煤工作面及为其服务的巷道。如开切眼、工作面运输巷、工作面回风巷等。

05.064　暗井　blind shaft, staple shaft
不直接通达地面的立井或斜井。

05.065　溜井　draw shaft
用于自重运输的井筒。

05.066　溜眼　chute
用于自重运输的通道。

05.067　石门　cross-cut
与煤层走向正交(垂直)或斜交的岩石水平巷道。

05.068　采区石门　district cross-cut
为采区服务的石门。

05.069　主石门　main cross-cut
连接井底车场和大巷的石门。

05.070　大巷　main roadway
为整个开采水平或阶段服务的水平巷道。

05.071　运输大巷　main haulage roadway, main haulageway
为整个开采水平或阶段运输服务的水平巷道。

05.072　单煤层大巷　main roadway for single seam
为一个煤层服务的大巷。

05.073　集中大巷　gathering main roadway
为多个煤层服务的大巷。

05.074　总回风巷　main return airway
为全矿井或矿井一翼服务的回风巷道。

05.075　上山　rise, raise
位于开采水平以上,为本水平或采区服务的倾斜巷道。

05.076　下山　dip
位于开采水平以下,为本水平或采区服务的倾斜巷道。

05.077　主要上山　main rise
为开采水平或辅助水平服务的上山。

05.078　主要下山　main dip
为开采水平或辅助水平服务的下山。

05.079　采区上山　district rise
为一个采区服务的上山。

05.080　采区下山　district dip
为一个采区服务的下山。

05.081　分段平巷　sublevel entry, longitudinal subdrift
在分段上、下边界掘进的平巷。

05.082　区段平巷　district sublevel entry, district longitudinal subdrift
在区段上、下边界掘进的平巷。

05.083　分层巷道　slice drift, sliced gateway
厚煤层分层开采时,为一个分层服务的区段巷道或分带巷道。

05.084　超前巷道　advance heading
超前于采煤工作面一定距离掘进的巷道。

05.085　区段集中平巷　district sublevel gathering entry
为一个区段的几个煤层或几个分层服务的平巷。

05.086　分带斜巷　strip inclined drift
在分带两侧边界掘进的倾斜巷道。

05.087　分带集中斜巷　strip main inclined drift
为一个分带的几个煤层或几个分层服务的倾斜巷道。

05.088　采区车场　district station, district inset
采区上山或下山与区段平巷或大巷连接的一组巷道和硐室。

05.089　煤门　in-seam cross-cut
厚煤层内正交(垂直)或斜交走向掘进的水平巷道。

05.090　联络巷　crossheading
曾称"横贯"。联络两条巷道的短巷。

05.091　掘进率　drivage ratio
井田一定范围或一定时间内,掘进巷道的总长度与采出总煤量之比。

05.092　煤柱　coal pillar
煤矿开采中为某一目的保留不采或暂时不采的煤体。如"工业场地煤柱(mine plant coal-pillar)"、"井田边界煤柱(mine field boundary coal-pillar)"、"断层煤柱(fault coal-pillar)"、"护巷煤柱(entry protection coal-pillar)"等。

05.03　采　煤　方　法

05.093　采煤方法　coal winning method, coal mining method
采煤工艺与回采巷道布置及其在时间上、空间上的相互配合。

05.094　[回采]工作面　coal face, working face
又称"采煤工作面"、"采场"。进行采煤作业的场所。

05.095　采煤工艺　coal winning technology
又称"回采工艺"。采煤工作面各工序所用

方法、设备及其在时间、空间上的相互配合。

05.096 长壁工作面 longwall face
长度一般在 50m 以上的采煤工作面。

05.097 短壁工作面 shortwall face
长度一般在 50m 以下的采煤工作面。

05.098 双工作面 double[-unit] face
同一煤层或分层内同时生产并共用工作面运输巷的两个相邻长壁工作面。

05.099 对拉工作面 double[-unit] face
两工作面相向运煤的双工作面。

05.100 煤壁 wall
直接进行采掘的煤层暴露面。

05.101 采高 mining height
曾称"采厚"。采煤工作面煤层被直接采出的厚度。

05.102 开切眼 open-off cut
曾称"切割眼"。沿采煤工作面始采线掘进，以供安装采煤设备的巷通。

05.103 工作面端头 face end
长壁工作面两端与巷道衔接的地段。

05.104 切口 stable, niche
曾称"缺口"、"壁龛"、"机窝"。长壁工作面内，为安放输送机机头、机尾的传动部，或因采煤机械无法采到而在煤壁内超前开出的空间。一般在工作面两端。

05.105 始采线 beginning line, mining starting line
采煤工作面开始采煤的边界。

05.106 终采线 terminal line
曾称"止采线"、"停采线"。采煤工作面终止采煤的边界。

05.107 采空区 goaf, gob, waste
曾称"老塘"。采煤后废弃的空间。

05.108 工作面运输巷 headentry, headgate, haulage gateway
曾称"运输顺槽"、"下顺槽"。主要用于运煤的区段平巷或分带斜巷。

05.109 工作面回风巷 tailentry, tailgate, return airway
曾称"回风顺槽"、"上顺槽"。主要用于回风的区段平巷或分带斜巷。

05.110 破煤 coal breaking, coal cutting
又称"落煤"。用人工、机械、爆破、水力等方式将煤从煤壁分离下来的作业。

05.111 爆破采煤工艺 blast-winning technology
又称"炮采"。在长壁工作面用爆破方法破煤和装煤、人工装煤、输送机运煤和单体支柱支护的采煤工艺。

05.112 普通机械化采煤工艺 conventionally-mechanized coal winning technology
简称"普采"。用机械方法破煤和装煤、输送机运煤和单体支柱支护顶板的采煤工艺。

05.113 综合机械化采煤工艺 fully-mechanized coal winning technology
简称"综采"。在长壁工作面用机械方法破煤和装煤、输送机运煤和液压支架支护顶板的采煤工艺。

05.114 掏槽 slotting
用机械、水力或爆破等方法从采掘工作面煤壁或岩壁先掏出部分煤或岩石以增加自由面的工序。

05.115 爆破装煤 blasting loading
用爆破的方法将煤炭抛入输送机内的装煤方法。

05.116 循环 working cycle
采掘工作面周而复始地完成一整套工序的

过程。

05.117 循环进度 advance of working cycle
曾称"循环进尺"。采掘工作面完成一个循环向前推进的距离。

05.118 旋转式推进 revolving mining, turning longwall
采煤工作面边采煤边旋转一定角度的推进方式。

05.119 跨采 over-the-roadway extraction
采煤工作面跨在或跨越上山、石门、大巷等巷道的采煤方式。

05.120 整层开采 full-seam mining
一次采出煤层全厚的开采方式。

05.121 分层开采 slicing
厚煤层划分为中等厚度的若干分层,再依次开采各分层的开采方式。

05.122 走向长壁采煤法 longwall mining on the strike
长壁工作面沿走向推进的采煤方法。

05.123 倾斜长壁采煤法 longwall mining to the dip or to the rise
长壁工作面沿倾斜推进的采煤方法。

05.124 倾斜分层采煤法 inclined slicing
厚煤层沿倾斜面划分分层的采煤方法。

05.125 短壁采煤法 shortwall mining
采用短壁工作面的采煤方法。

05.126 煤房 room, chamber
直接采出煤炭的长条形房状空间。

05.127 房式采煤法 room mining, chamber mining
每隔一定距离开采煤房,在煤房之间保留煤柱以支撑顶板的采煤方法。

05.128 房柱式采煤法 room and pillar mining
每隔一定距离先采煤房直至边界,再后退采出煤房之间煤柱的采煤方法。

05.129 掩护支架采煤法 shield mining
在急斜煤层中,沿走向布置采煤工作面,用掩护支架将采空区和工作空间隔开、向俯斜推进的采煤方法。

05.130 伪倾斜柔性掩护支架采煤法 flexible shield mining in the false dip
在急斜煤层中,沿伪倾斜布置采煤工作面,用柔性掩护支架将采空区和工作 空间隔开,沿走向推进的采煤方法。

05.131 倒台阶采煤法 overhand mining
在急斜煤层中,布置成下部超前的台阶形的工作面,并沿走向推进的采煤方法。

05.132 正台阶采煤法 heading-and-bench mining
又称"斜台阶采煤法"。在急斜煤层中,沿伪倾斜方向布置成上部超前的台阶形工作面,并沿走向推进的采煤方法。

05.133 水平分层采煤法 horizontal slicing
急斜厚煤层沿水平面划分分层的采煤方法。

05.134 斜切分层采煤法 oblique slicing
急斜厚煤层沿与水平面成 25—30°角的斜面划分分层的采煤方法。

05.135 仓储采煤法 shrinkage stoping
急斜煤层中将采落的煤暂留于已采空间中,待仓房内的煤体采完后,再依次放出存煤的采煤方法。

05.136 伪斜长壁采煤法 oblique longwall mining
在急斜煤层中布置俯伪斜长壁工作面,用密集支柱隔开已采空间,并沿走向推进的采煤方法。

05.137 长壁放顶煤采煤法 longwall mining

with sublevel caving
开采 6m 以上缓斜厚煤层时,先采出煤层底部长壁工作面的煤,随即放采上部顶煤的采煤方法。

05.138　水平分段放顶煤采煤法　top-slicing system of sublevel caving
在急斜煤层中,按一定高度分成若干个分段。在分段内先采出底部工作面的煤,随即放出上部顶煤的采煤方法。

05.139　放煤步距　drawing interval
用放顶煤采煤法时,沿工作面推进方向前后两次放煤的间距。

05.140　放煤顺序　drawing sequence
放顶煤时,各放煤口放煤方式和次序。

05.141　放采比　drawing ratio
用放顶煤采煤法时,上部放顶煤高度与下部工作面采高之比。

05.142　自重充填　gravity stowing
曾称"自溜充填"。利用自重将充填材料送入采空区的充填方法。

05.143　机械充填　mechanical stowing
利用机械将充填材料抛入采空区的充填方法。

05.144　风力充填　pneumatic stowing
利用压缩空气通过管道把充填材料送入采空区的充填方法。

05.145　水力充填　hydraulic stowing
曾称"水砂充填"。利用水力通过管道把充填材料送入采空区的充填方法。

05.146　注砂井　storage-mixed bin, sandfilling chamber
用贮存充填材料的砂仓和进行水砂混合的注砂室组成的充填设施。

05.147　充填步距　stowing interval
沿工作面推进方向一次充填采空区的距离。

05.148　充填能力　stowing capacity
充填系统单位时间内能输送的充填材料的体积。

05.149　充采比　stowing ratio
每采出 1t 煤所需充填材料的立方米数。

05.150　充填倍线　stowing gradient
充填管路总长度与充填管路入口至出口的高差之比。

05.151　充填沉缩率　setting ratio
充填体经过一定时间压缩后,其沉缩的高度与原充填高度之比。

05.04　矿山压力与岩层控制

05.152　矿山压力　rock pressure [in mine]
简称"矿压",又称"地压";曾称"山岩压力"、"围岩压力"。存在于采掘空间围岩内的力。

05.153　矿山压力显现　strata behaviors
在矿山压力作用下,围岩或支护物呈现的各种力学现象。

05.154　原岩[体]　virgin rock [mass]
未受采掘影响的天然岩体。

05.155　围岩　surrounding rock

矿体或采掘空间周围的岩体。

05.156　原岩应力　initial stress, stress in virgin rock mass
曾称"原始应力"、"天然应力"。天然存在于原岩内的应力。

05.157　采动应力　mining-induced stress
又称"再生应力";曾称"次生应力"。受采掘影响在岩体内重新分布后形成的应力。

05.158　应力增高区　stress-concentrated

area

曾称"集中应力区"、"应力增高带"。岩体内采动应力高于原岩应力的区域。

05.159 应力降低区 stress-relaxed area
曾称"卸压区"、"应力降低带"。岩体内采动应力低于原岩应力的区域。

05.160 叠加应力 superimposed stress
受两个以上采掘工作面影响而形成的合成应力。

05.161 自重应力 gravity stress
岩层自身重力引起的应力。

05.162 构造应力 tectonic stress
地壳构造运动在岩体中引起的应力。

05.163 支承压力 abutment pressure
由于采掘空间原被采物承受的载荷转移到周围支承体上而形成的压力。

05.164 前支承压力 front abutment pressure
曾称"临时支承压力"、"移动性支承压力"。采煤工作面煤壁前方的支承压力。

05.165 后支承压力 rear abutment pressure
采煤工作面后方采空区内形成的支承压力。

05.166 侧支承压力 side abutment pressure
曾称"残余支承压力"、"固定性支承压力"。采空区或巷道一侧或两侧的支承压力。

05.167 松动压力 broken-rock pressure
围岩中松散或脱落岩块自重对支护物产生的压力。

05.168 变形压力 rock deformation pressure
围岩变形、位移、膨胀对支护物产生的压力。

05.169 顶板 roof
赋存在煤层之上的邻近岩层。

05.170 底板 floor

赋存在煤层之下的邻近岩层。

05.171 伪顶 false roof
位于煤层之上随采随落的极不稳定岩层,其厚度一般在 0.5m 以下。

05.172 直接顶 immediate roof, nether roof
位于煤层或伪顶之上具有一定的稳定性,移架或回柱后能自行垮落的岩层。

05.173 基本顶 main roof
又称"老顶"。位于直接顶或煤层之上,通常厚度及岩石强度较大、难于垮落的岩层。

05.174 顶板稳定性 roof stability
未经人工支护的悬露顶板在某一段时间内保持不冒落的能力。

05.175 坚硬岩层 strong stratum, hard stratum
强度高、节理裂隙不发育、整体性强、自稳能力强的岩层。

05.176 松软岩层 weak stratum, soft stratum
粘结力差、强度低、易风化、有时遇水膨胀、自稳能力差的岩层。

05.177 破碎顶板 fractured roof, friable roof
岩层节理裂隙十分发育、整体强度差、自稳能力低的顶板。

05.178 人工顶板 artificial roof
曾称"人工假顶"。分层开采时为阻挡上分层垮落矸石进入工作空间而铺设的隔离层。

05.179 再生顶板 mat, regenerated roof
分层开采时上分层垮落矸石自然固结或人工胶结形成的下分层开采的顶板。

05.180 上覆岩层 overlying strata
煤层或采掘空间之上的岩层。

05.181 离层 bed separation

采掘空间上方相邻岩层沿层理面产生分离的现象。

05.182 自然平衡拱 dome of natural equilibrium, natural arch

曾称"冒落拱"、"压力拱"。采掘空间上方岩层破坏后形成的相对稳定的拱形结构。

05.183 原生裂隙 initial fissure

岩体生成过程中自然形成的裂隙。

05.184 构造裂隙 tectonic fissure

岩体生成后受地质构造作用而形成的裂隙。

05.185 采动裂隙 mining-induced fissure

岩体受采掘影响而形成的裂隙。

05.186 岩石软化系数 softening factor of rock

岩石水饱和试件与干燥(或自然含水)试件的单向抗压强度的比值。

05.187 普氏系数 шкала крепости пород по М. М. Протодьяконову(俄), Protodyakonov coefficient

全称"普罗托季亚科诺夫系数";曾称"岩石硬度系数"。区分岩石坚固程度的系数,其值等于岩石的单向抗压强度(MPa)除以10。

05.188 岩石粘聚力 rock cohesion

曾称"岩石粘结力"、"岩石内聚力"。岩石内部相邻矿物颗粒表面分子之间的吸引力。

05.189 岩石内摩擦角 internal friction angle of rock

岩石破坏极限平衡时剪切面上的正应力和内摩擦力形成的合力与该正应力形成的夹角。

05.190 岩层控制 strata control

为控制由采掘工程引起的围岩及岩层变形、移动和破坏而采取的各种技术措施。

05.191 [工作面]顶板控制 roof control

曾称"顶板管理"。采煤工作面工作空间支护和采空区处理工作的总称。

05.192 垮落法 caving method

使采空区悬露顶板垮落后充填采空区的岩层控制方法。

05.193 充填法 stowing method

用充填材料充填采空区的岩层控制方法。

05.194 缓慢下沉法 gradual sagging method

在采空区后方利用顶板下沉和底板隆起的特性任其自然合拢的岩层控制方法。

05.195 煤柱支撑法 pillar supporting method

在采空区中留适当宽度煤柱以支撑顶板的岩层控制方法。

05.196 回柱 prop drawing

从将要废弃空间中撤出支柱(架)的工序。

05.197 放顶 caving the roof

通过移架或回柱缩小工作空间宽度使采空区悬露顶板及时垮落的工序。

05.198 初次放顶 initial caving

采煤工作面从开切眼开始向前推进一定距离后,通过人为措施使直接顶第一次垮落的工序。

05.199 无特种柱放顶 caving without specific props, caving without breaker props

曾称"无密集放顶"、"无排柱放顶"。在工作空间与采空区交界线上不专为放顶架设任何特种支柱的放顶方法。

05.200 强制放顶 forced caving

采空区中顶板难以自行垮落时采用爆破等方法强迫顶板垮落的方法。

05.201　控顶距　face width

采煤工作面中煤壁至末排支柱的顶梁后端，或至放顶柱之间的距离。

05.202　放顶距　caving interval

曾称"放顶步距"。相邻两次放顶的间隔距离。

05.203　端面距　tip-to-face distance

曾称"梁端距"。采煤工作面支架顶梁前端至煤壁之间的距离。

05.204　无支柱距　prop-free front distance

工作面中靠近煤壁第一排支柱与煤壁之间的距离。

05.205　冒顶　roof fall

又称"顶板冒落"。采掘工作空间内或井下其它工作地点顶板岩石发生坠落的事故。

05.206　顶板破碎度　roof flaking ratio

端面距范围内冒落高度超过10cm的顶板面积与其总面积之比。

05.207　顶板单位破碎度　specific roof flaking ratio

又称"顶板破碎指数"。折算成端面距为1m时的顶板破碎度。

05.208　局部冒顶　partial roof fall

采掘工作空间或井下其它工作地点局部范围内顶板岩石坠落造成的顶板事故。

05.209　区域性切冒　extensive roof collapse

又称"大面积塌冒"；曾称"大面积来压"。采空区内大面积悬露的坚硬顶板在短时间内突然塌落而造成的大型顶板事故。

05.210　压垮型冒顶　crush roof fall

因工作面内支护强度不足和顶板来压引起支架大量压坏而造成的冒顶事故。

05.211　推垮型冒顶　thrust roof fall

因水平推力作用使工作面支架大量倾斜而

造成的冒顶事故。

05.212　端面冒顶　roof flaking [in tip-to-face area]

端面距范围内顶板岩石坠落造成的事故。

05.213　漏顶　face roof collapse with cavity

长壁工作面局部范围内顶板岩石呈碎块或碎屑状冒落，形成空穴的冒顶事故。

05.214　片帮　rib spalling, sloughing

矿山压力作用下煤帮(壁)或岩帮(壁)发生塌落的现象。

05.215　顶板垮落　roof caving

曾称"顶板冒落"、"顶板陷落"、"顶板塌落"。回柱或移架后采空区内顶板自然塌落的现象。

05.216　顶板垮落角　roof caving angle

曾称"顶板冒落角"。顶板垮落后其断裂面与顶板层面之间朝采空区方向形成的夹角。

05.217　不规则垮落带　irregularly caving zone

曾称"不规则冒落带"。采空区内顶板岩层垮落后岩块呈杂乱堆积的岩层带。

05.218　规则垮落带　regularly caving zone

曾称"规则冒落带"。不规则垮落带上部顶板岩层垮落后岩块堆积排列较整齐的岩层带。

05.219　岩石碎胀系数　bulking factor, swell factor

岩体破碎后与破碎前体积的比值。

05.220　垮采比　caving-height ratio

采用垮落法时采空区内垮落带高度与工作面采高之比。

05.221　顶板压力　roof pressure

顶板给支架的作用力。

05.222　初次来压　first weighting

基本顶初次破断在采煤工作面引起的矿压显现。

05.223 周期来压 periodic weighting

基本顶周期破断在采煤工作面引起的矿压显现。

05.224 动载系数 dynamic load coefficient

又称"顶板来压强度系数"。基本顶来压期间工作面支架上的载荷平均值与未来压时平均值之比。

05.225 顶底板移近量 roof-to-floor convergence

顶板下沉量与底板鼓起量之和。

05.226 顶底板移近率 roof-to-floor convergence ratio

顶底板移近量占移近前原高度的百分率。

05.227 顶板回弹 roof rebound

上覆坚硬岩层断裂时顶板瞬时上升的现象。

05.228 顶板台阶下沉 roof step

坚硬顶板破断成岩块后由煤壁至采空区方向呈台阶状向下错动的现象。

05.229 顶板弱化 roof weakening

曾称"顶板软化"。通过注水或化学等方法使坚硬顶板岩体强度减弱的现象。

05.230 煤岩固化 coal/rock reinforcement

通过注浆等手段增强煤体或岩体的自稳能力的技术措施。

05.231 底鼓 floor heave

由于矿山压力作用或水的影响,底板发生隆起的现象。

05.232 冲击地压 rock burst, pressure bump

又称"岩爆";曾称"矿山冲击"。井巷或工作面周围煤岩体,由于弹性变形能的瞬时释放而产生突然剧烈破坏的动力现象。常伴有煤岩体抛出、巨响及气浪等现象。

05.233 矿震 shock bump

井巷或工作面周围煤岩体中突然在瞬间发生伴有巨响和冲击波的震动但不发生煤岩抛出的弹性变形能释放现象。

05.234 恒阻支柱 yielding prop

受载达工作阻力后,压缩量增加支撑力基本保持恒定的可缩性支柱。

05.235 增阻支柱 late bearing prop

受载达工作阻力后,压缩量增加支撑力随之增加的可缩性支柱。

05.236 摩擦支柱 frictional prop

利用摩擦力产生支撑力的可缩性支柱。

05.237 单体液压支柱 hydraulic prop

利用液体压力产生工作阻力并实现升柱和卸载的单根可缩性支柱。

05.238 迎山角 prop-setting angle

在有一定倾角的煤层中安设支柱时,支柱与顶底板法线形成的 3—5° 的向上偏角。

05.239 特种支柱 specific prop

为控制顶板而架设的不同一般的支护物。

05.240 放顶[支]柱 breaker prop

用垮落法时在工作面与采空区交界线上专为放顶而安设的特种支柱。

05.241 墩柱 heavy-duty pier, hydraulic breaker prop

以液压为动力实现升降、前移等运动的重型放顶柱。

05.242 支垛 crib

在顶底板之间垒砌成垛状的支承式构筑物。

05.243 十字顶梁 cross bar

在纵向和横向均可实现铰接连接的十字形金属顶梁。

05.244　滑移顶梁支架　slipping bar composite support

顶梁与支柱组合在一起,以液压为动力,前后顶梁互为导向而前移的支架。

05.245　柔性掩护支架　flexible shield support

用钢绳将钢梁或木梁连结在一起,在急斜采煤工作面中用以掩护工作空间和隔离采空区的帘式柔性支护结构物。

05.246　气囊支架　air-bag support

又称"气垛支架"。由几个充入压缩空气的橡胶软包摞起组成的,用来支撑顶底板和隔离采空区的支护构筑物。

05.247　支柱密度　prop density

曾称"支护密度"。单位面积顶板下的支柱根数。

05.248　初撑力　setting load

支架或支柱支设时施于顶板的力。

05.249　初撑力强度　setting load density, SLD

曾称"初撑力密度"。支架或支柱支撑的单位顶板面积上的初撑力。

05.250　[额定]工作阻力　yield load, working resistance

曾称"屈服力"、"屈服载荷"、"让压阻力"。液压支架(柱)正常工作时,对顶板能产生的最大支撑力。

05.251　有效支撑能力　practical supporting capacity

支柱或支架在工作面的实际支撑能力。

05.252　支护强度　supporting intensity

支架对单位面积顶板提供的工作阻力。

05.253　支护刚度　support rigidity

支护物产生单位压缩量所需要的力。

05.254　支撑效率　supporting efficiency

支架承受的载荷占其工作阻力的百分率。

05.255　支架可缩量　nominal yield of support

支架的最大结构高度与最小结构高度之差。

05.256　循环平均阻力　time-weighted mean resistance, mean load per unit cycle

曾称"时间加权平均工作阻力"。一个采煤循环内工作面支架阻力的时间加权平均值。

05.257　抗压入强度　press-in strength

煤岩体抵抗压入能力的指标。通常以一定端面积的压模用静力压入底板煤岩体时的极限强度表示,用来反映底板煤岩体的松软程度。

05.258　底板载荷集度　floor load intensity

曾称"底板比压"。支架底座对单位面积底板上所造成的压力。

05.259　围岩稳定性　stability of surrounding rock

曾称"围岩自撑能力"。围岩靠自身强度保持平衡的能力。

05.260　静压巷道　workings subject to static pressure

不受采动影响或其它动力影响仅受上覆岩层重力作用的巷道。

05.261　动压巷道　workings subject to dynamic pressure

受采动影响或其它动力影响的巷道。

05.262　巷道断面缩小率　roadway reduction ratio

巷道变形缩小后的断面积占其原断面积的百分率。

05.263　无煤柱护巷　non-chain-pillar entry protection

采区内不留巷旁煤柱的巷道保护方法。

05.264 沿空巷道 gob-side entry
沿采空区边缘布置的巷道。

05.265 沿空掘巷 gob-side entry driving
完全沿采空区边缘或仅留很窄煤柱掘进巷道。

05.266 沿空留巷 gob-side entry retaining
工作面采煤后沿采空区边缘维护原回采巷道。

05.267 锚梁网支护 roof bolting with bar and wire mesh
金属或塑料网、板梁和锚杆三种构件联合使用的围岩支护方法。

05.268 巷旁支护 roadside support
沿空留巷时,在巷道靠采空区一侧架设各种支护物的护巷方法。

05.269 巷旁充填 roadside packing
沿空留巷时,在巷道靠采空区一侧进行充填形成条带的护巷方法。

05.270 矸石带 waste pack, strip pack
将掘进或采空区垮落的矸石垒砌在巷道一侧或两侧用以保护巷道的带状构筑物。

05.271 架后充填 backfill
又称"壁后充填"。为使巷道支护受力均匀用充填材料填塞支护物与围岩之间空隙的作业。

05.272 挑顶 roof ripping
在巷道中挑落部分顶板岩石的作业。

05.273 挖底 floor dinting
曾称"卧底"、"起底"。在巷道中挖去部分底板岩石的作业。

05.05　特 殊 开 采

05.274 "三下"采煤 coal mining under buildings, railways and water-bodies
建筑物下、铁路下和水体下采煤技术的总称。

05.275 建筑物下采煤 coal mining under buildings
在保障建筑物正常使用条件下,采用专门的技术和安全措施开采建筑物下的煤层。

05.276 铁路下采煤 coal mining under railways
在保障铁路运输条件下,采用专门的技术和安全措施开采铁路下的煤层。

05.277 水体下采煤 coal mining under water-bodies
在保障安全条件下,采用专门的技术和安全措施开采湖泊、河流、水库、海洋等水体或富含水冲积层下面的煤层。

05.278 承压含水层上采煤 coal mining above aquifer
采用专门的技术和安全措施开采邻近承压含水层上的煤层。

05.279 安全水头 safety water head
不致引起隔水底板突水的最大承压水头。

05.280 带压开采 mining under safe water pressure of aquifer
采用专门的技术和安全措施在石灰岩喀斯特含水层安全水头范围内开采其上的邻近煤层。

05.281 部分开采 partial extraction
为减少地表和岩层移动,在煤层内采用采一部分留一部分的条带式或房式等采煤法的开采方式。

05.282 协调开采 harmonic extraction
采用多个邻近采煤工作面,在时间上和空间

上保持一定关系,以部分抵消地表拉伸和压缩变形的开采方式。

05.283 全柱开采 full-pillar extraction
在建筑物下的煤柱全长(宽)内,用一个或多个工作面组成的回采线同时推进的开采方式。

05.284 限厚开采 limited thickness extrac-
tion
为减缓采动对地表变形的影响,限制每次采高或总采厚的开采方式。

05.285 离层带注浆充填 grouting in sepa-rated-bed
为减少采动对地表影响,通过钻孔向煤层上覆岩层离层裂隙中注浆的方法。

05.06 水力采煤

05.286 水力采煤 hydraulic coal mining
简称"水采"。利用水力或水力－机械开采和运输提升的采煤技术。

05.287 水力采煤工艺 hydraulic coal min-ing technology
水力采煤各生产环节有机组合的总称。

05.288 水力采煤矿井 hydraulic coal mine
以采用水力机械化采煤技术为主的矿井。

05.289 水枪 monitor
将压力水转化为水射流并进行冲采煤炭或剥离物的机械。

05.290 [水枪]射流 monitor jet
水枪喷射进入空气中的水流束。

05.291 水枪出口压力 outlet pressure of monitor
水枪喷嘴出口处的水流动压力(动压强)。

05.292 水枪流量 monitor flow
单位时间内水枪喷射出的水量。

05.293 水枪落煤能力 monitor productivity
单位时间内水枪冲采出的煤量。

05.294 射流打击力 jet impact force
水枪射流对距水枪出口某一距离垂直平面上的总作用力。

05.295 射流轴心动压力 jet axis dynamical
pressure
水枪射流轴线上某一点的轴向动压力(动压强)。

05.296 水枪效率 monitor efficiency
水枪出口功率与入口功率之比。

05.297 水枪射流效率 water jet efficiency
水枪射流于某一距离处的实际功率与水枪出口功率之比。

05.298 水枪射流总效率 monitor jet overall efficiency
水枪效率与水枪射流效率之积。

05.299 高压大射流 high pressure large dia-meter jet
水枪出口压力(压强)不小于 5MPa,喷嘴直径不小于 15mm 的水枪射流。

05.300 闭路供水 closed-circuit water sup-ply
又称"循环供水"。水力采煤生产用水循环复用的供水方式。

05.301 开路供水 open-circuit water supply
水力采煤生产用水不循环复用的供水方式。

05.302 走向短壁水力采煤法 shortwall hy-draulic mining on the strike
曾称"走向小阶段采煤法"。采煤工作面大致沿煤层倾斜布置,并沿走向推进的无支护短壁工作面水力采煤方法。

05.303 倾斜短壁水力采煤法 shortwall hydraulic mining in the dip
曾称"漏斗式采煤法"。采煤工作面大致沿煤层走向布置,并沿倾斜推进的无支护短壁工作面水力采煤方法。

05.304 采垛 winning-block
水采工作面水枪完成一次采煤作业循环所开采的煤层块段。

05.305 采垛角 angle of winning-block
又称"冲采角"。水力采煤工作面与回采巷道中心线的最终夹角。

05.306 开式落煤顺序 open-type winning sequence
采垛内暂不留煤柱的破煤顺序。

05.307 闭式落煤顺序 close-type winning sequence
采垛内暂留煤柱的破煤顺序。

05.308 移枪步距 interval of moving monitor, unit advance of monitor
为冲采下一个采垛或保持有效冲采,水枪移设一次的距离。

05.309 煤浆 coal slurry
煤水混合物。

05.310 水采回采巷道 stoping entry
水力采煤方法中进行采煤作业并具有煤浆自溜坡度的巷道。

05.311 阶段溜煤巷 main coal-water roadway
阶段的煤浆自溜运输巷道。

05.312 阶段溜煤上山 main coal-water rise
阶段的煤浆自溜运输上山。

05.313 采段 extracting zone
阶段、分段或区段内沿走向划分出的开采块段。

05.314 采段溜煤巷 extracting block coal-water roadway
采段的煤浆自溜运输巷道。

05.315 采段溜煤上山 extracting block coal-water rise
采段的煤浆自溜运输上山。

05.316 溜煤石门 coal water cross-cut
具有煤浆自溜运输坡度的石门。

05.317 明槽水力运输 flume hydrotransport
在具有一定坡度的溜槽或沟渠内煤浆自溜的输送方式。

05.318 管道水力运输 pipeline hydrotransport
在管道内煤浆承压输送的方式。

05.319 水力提升 hydraulic hoist
用水力机械提升煤炭的方式。

05.320 煤水比 coal water ratio
煤浆中煤与水的质量比或体积比。

05.321 分级运提 separate transport and hoisting
将煤分为不同粒度,粗粒(筛上物)用普通机械,细粒(筛下物)用水力机械运提的方式。

05.322 煤水硐室 coal slurry preparation room
用于制备、储集和输送煤浆的硐室群。

05.323 煤水仓 coal slurry sump
用煤水泵排送煤浆时,储集和调节煤浆浓度的硐室群。

05.324 煤水泵 coal slurry pump
排送煤浆的泵。

05.325 喂煤机 coal feeder

将煤炭送入输煤管道进行水力运输或提升 的机械设备。

05.07 煤炭地下气化

05.326 煤炭地下气化站 underground coal gasification station
为煤炭地下气化服务并提供成品煤气的地面和地下综合设施。

05.327 有井式地下气化法 shaft gasification
采用井巷通到煤层,进行煤炭地下气化的方法。

05.328 无井式地下气化法 shaftless gasification
采用地表钻孔通到煤层,进行煤炭地下气化的方法。

05.329 地下煤气发生场 underground gasifier
地下煤炭进行热化学反应并转化为煤气的场所及孔道。

05.330 地下气化工作面 underground gasification face
煤炭在地下煤气发生场内进行热化学反应的空间。

05.331 气化通道 gasification channel
在煤体内连通送气孔与出气孔而形成气化工作面的起始通道。

05.332 送气孔 injection well
向地下气化工作面送入气化剂的钻孔。

05.333 出气孔 production well
从地下气化工作面排出煤气的钻孔。

05.334 气化贯通 linkage
形成气化通道的方法。根据贯通原理有"火

力渗透气化贯通(fire-penetrating linkage)"、"电力气化贯通(electric linkage)"、"水力气化贯通(hydraulic linkage)"、"定向钻进气化贯通(directional-drilling linkage)"等方法。

05.335 氧化带 oxidation zone
又称"燃烧带"。煤炭在气化工作面氧化燃烧产生热源的区段。

05.336 还原带 reduction zone
煤炭在气化工作面氧化带后因高温而使二氧化碳和水蒸气发生还原反应的区段。

05.337 干馏-干燥带 distillation and drying zone
煤炭在气化工作面还原带后受热气流加热而热解和干燥的区段。

05.338 气化剂 gasification agent
煤炭气化过程中所必需的气体介质。

05.339 送气强度 gasification agent injection capacity
单位时间内由送气钻孔送入气化发生场的气化剂量。

05.340 气化剂比耗 gasification agent consumption
生产单位煤气量所消耗的气化剂量。

05.341 出气强度 production well capacity
单位时间内由出气孔排出的煤气量。

05.342 地下气化效率 efficiency of underground gasification
气化煤气的热值与气化用煤热值的比值。

05.08 露 天 开 采

05.343　露天采场　open-pit
曾称"露天矿场"、"露天掘场"。具有完整的生产系统,进行露天开采的场所。

05.344　山坡露天采场　mountain surface mine
在地表封闭圈以上进行露天开采的场所。

05.345　凹陷露天采场　pit mine
在地表封闭圈以下进行露天开采的场所。

05.346　露天开采境界　pit limit
露天采场开采结束时的空间轮廓。

05.347　[露天采场]边帮　pit slope
又称"边坡"。露天采场由台阶的坡面、倾斜坑线和平盘限定的表面总体及邻近岩体。

05.348　最终边帮　final pit slope
露天采场开采结束时的边帮。

05.349　工作帮　working slope
由正在开采的台阶部分组成的边帮。

05.350　非工作帮　non-working slope
由已结束开采的台阶部分组成的边帮。

05.351　工作边帮面　working slope face
通过工作帮最上台阶坡底线与最下台阶坡底线形成的假想面。

05.352　非工作边帮面　non-working slope face
通过非工作帮最上台阶坡顶线与最下台阶坡底线的假想面。

05.353　边帮角　slope angle
又称"边坡角"。边帮面与水平面的夹角。

05.354　[露天采场]底面　pit bottom
露天采场的底部表面。

05.355　地表境界线　surface boundary line
曾称"上部境界"。露天采场最终边帮与地表的交线。

05.356　底部境界线　floor boundary line
曾称"下部境界"。露天采场最终边帮与底面的交线。

05.357　封闭圈　closed level
地表境界线最低标高处的闭合形台坡坡底线。

05.358　底帮　foot slope
位于露天采场矿体底板侧的边帮。

05.359　顶帮　top slope
位于露天采场矿体顶板侧的边帮。

05.360　端帮　end slope
位于露天采场端部的边帮。

05.361　剥离　stripping
在露天采场内采出剥离物的作业。

05.362　剥离物　overburden, spoil, waste
曾称"废石"。露天采场内的表土、岩层和不可采矿体。

05.363　剥采比　stripping ratio
剥离量与有用矿产量的比值。

05.364　平均剥采比　overall stripping ratio
露天开采境界内剥离物总量与有用矿产总量的比值。

05.365　境界剥采比　pit-limit stripping ratio
露天开采境界扩大一定深度或宽度所增加的剥离量与有用矿产量的比值。

05.366　经济剥采比　economic stripping ratio

在一定技术经济条件下,露天开采经济上合理的极限剥采比。

05.367 剥离高峰 peak of stripping
露天采场工作帮到达一定位置时剥采比达到最高值的现象。

05.368 生产剥采比 operational stripping ratio
在一定生产期内,从露天采场采出的剥离量与有用矿产量的比值。

05.369 剥采比均衡 stripping balance
调整剥采工程压低剥离高峰,使生产剥采比在较长时间内保持稳定的状态。

05.370 排土场 dump
堆放剥离物的场所。

05.371 外部排土场 external dump
建在露天采场以外的排土场。

05.372 内部排土场 inner dump
建在露天采场以内的排土场。

05.373 台阶 bench
曾称"阶段"、"梯段"。按剥离、采矿或排土作业的要求,以一定高度划分的阶梯。

05.374 平盘 berm
又称"平台"。台阶的水平部分。

05.375 台阶高度 bench height
台阶上、下平盘之间的垂直距离。

05.376 台阶坡面 bench slope
台阶上、下平盘之间的倾斜面。

05.377 坡顶线 bench edge
曾称"坡肩"。台阶上部平盘与坡面的交线。

05.378 坡底线 bench toe
曾称"坡脚"。台阶下部平盘与坡面的交线。

05.379 台阶坡面角 bench angle
台阶坡面与水平面的夹角。

05.380 工作平盘 working berm
进行采掘和运输作业的平盘。

05.381 运输平盘 haulage berm
非工作帮上用于铺设运输线路的平盘。

05.382 安全平盘 safety berm
曾称"保安平盘"。非工作帮上为保持边帮稳定和阻拦落石而设的平盘。

05.383 清扫平盘 cleaning berm
非工作帮上为清除落石而设的平盘。

05.384 露天矿开拓 surface mine development
建立地表至露天采场各台阶的运输通道。

05.385 出入沟 main access
地表与台阶以及台阶之间的运输沟道。

05.386 外部沟 external access
露天采场以外的出入沟。

05.387 内部沟 internal access
露天采场以内的出入沟。

05.388 双侧沟 double-side ditch
开挖时具有两个侧帮的沟道。

05.389 单侧沟 hillside ditch
开挖时具有一个侧帮的沟道。

05.390 缓沟 easy access
适用于铁道和公路运输,坡度小的沟道。

05.391 陡沟 steep access
适于带式输送机和提升机提升,坡度大的沟道。

05.392 开段沟 pioneer cut
为建立台阶工作线开挖的沟道。

05.393 坑线 ramp
出入沟中的运输线路。

05.394 固定坑线 permanent ramp

开采过程中相对固定的坑线。

05.395 移动坑线 скользящий съезд(俄),
temporary ramp
开采过程中经常改变位置的坑线。

05.396 折返坑线 zigzag ramp
运输设备运行中按"之"字形改变运行方向的坑线。

05.397 回返坑线 run-around ramp
运输设备运行中按"U"字形改变运行方向的坑线。

05.398 直进坑线 straight ramp
运输设备不改变运行方向直达下一台阶的坑线。

05.399 螺旋坑线 spiral ramp
运输设备不改变运行方向以螺旋线形沿四周边帮运行的坑线。

05.400 开采程序 mining sequence
露天采场内剥采工程在时间和空间上的发展顺序。

05.401 分区开采 mining by areas
把露天采场划分为若干区段,按一定顺序进行开采的方式。

05.402 分期开采 mining by stages
露天采场在整个开采期间内,按开采深度、开采工艺、规模和剥采比等划分为不同开采阶段进行开采的方式。

05.403 工作线 front
具备正常作业条件的台阶全长。

05.404 平行推进 parallel advance
工作线全长按同一方向推进。

05.405 扇形推进 fan advance
工作线全长围绕其一端推进。

05.406 采场延深 pit deepening

曾称"水平延深"。露天采场开采过程中为下降底面进行的剥采工程。

05.407 [剥离]倒堆 casting
用挖掘设备铲挖剥离物并堆放于旁侧的作业。

05.408 再倒堆 overcasting
又称"二次倒堆"。挖掘设备将已倒堆的剥离物再次搬移的作业。

05.409 纵向移运 longitudinal removal
沿工作线方向的物料运输。

05.410 横向移运 cross removal
垂直于工作线方向的物料运输。

05.411 间断开采工艺 discontinuous mining technology
采装、移运和排卸作业均采用周期式设备形成不连续物料流的开采工艺。

05.412 连续开采工艺 continuous mining technology
采装、移运和排卸作业均采用连续式设备形成连续物料流的开采工艺。

05.413 半连续开采工艺 semi-continuous mining technology
部分环节是间断、部分环节是连续的开采工艺。

05.414 综合开采工艺 combined mining technology
在同一露天采场,两种或多种开采工艺的综合应用。

05.415 矿岩准备 preparation of materials
预先松碎矿岩以利挖掘的工艺环节。

05.416 土岩切片 slice
挖掘设备从工作面铲落的土岩片。

05.417 垂直切片 terrace cut slice
轮斗挖掘机切割产生的直立月牙形土岩切

片。

05.418 水平切片 dropping cut slice
轮斗挖掘机切割产生的平卧月牙形土岩切片。

05.419 采装 loading
又称"采掘"。用挖掘设备铲挖土岩并装入运输设备的工艺环节。

05.420 采掘带 cut
台阶上按顺序开采的条带。

05.421 采掘区 block
划归一台采掘设备开采的区段。

05.422 采宽 cut width
采掘带的实体宽度。

05.423 工作面 working face
直接进行采掘或排土的场所。

05.424 上挖 up digging
挖掘设备对其站立水平以上的矿岩进行的挖掘。

05.425 下挖 down digging
挖掘设备对其站立水平以下的矿岩进行的挖掘。

05.426 平装 level loading
挖掘设备与其配合的运输设备站立在同一水平进行的采装作业。

05.427 上装 upper level loading
挖掘设备站立水平低于与其配合的运输设备站立水平进行的采装作业。

05.428 下装 lower level loading
挖掘设备站立水平高于与其配合的运输设备站立水平进行的采装作业。

05.429 满斗系数 bucket factor, dipper factor
铲斗所装物料松散体积与铲斗额定容积的比值。

05.430 挖掘系数 коэффициент экскавации (俄), excavation factor
铲斗所装物料实体体积与铲斗额定容积的比值。

05.431 车铲比 truck to shovel ratio, train to shovel ratio
汽车(列车)数与挖掘设备数之比。

05.432 车铲容积比 volume ratio of truck to dipper, volume ratio of train to dipper
车箱容积与铲斗容积之比。

05.433 组合台阶 bench group
保持一个工作平盘的一组相邻台阶。

05.434 固定线路 permanent haulage line
长期固定不移动的运输线路。

05.435 半固定线路 semi-permanent haulage line
一定时间内固定不移动的运输线路。

05.436 移动线路 shiftable haulage line
随工作线推进经常移设的运输线路。

05.437 剥离站 waste station
露天矿内调节剥离列车的主要车站。

05.438 采矿站 ore station
露天矿内调节采矿列车的主要车站。

05.439 折返站 switchback station
"之"字形改变列车运行方向并可会让列车的车站。

05.440 分流站 distribution station
将各平盘运来的矿岩进行品种分流和调节流量的带式输送设施总体。

05.441 限制区间 limit section
因坡度或长度大,使运输系统运输能力受其

限制的铁路区间。

05.442 限制坡度 limit grade
运输线路设计允许的最大纵向坡度。

05.443 入换 spotting, train exchange
重载车驶离和空载车驶入工作面的运输作业。

05.444 入换站 exchange station
进行列车入换的铁路车站。

05.445 排土 dumping
向排土场排卸剥离物的作业。

05.446 移道步距 shift spacing
运输线移设一次的间距。

05.447 排土场下沉系数 subsidence factor of dump
排土台阶沉降后高度与初排高度的比值。

05.448 露天矿生产能力 capacity of surface mine
露天矿单位时间内所能采出的矿产品总量。

05.449 露天矿采剥能力 производительность карьера по горной массе(俄), mining and stripping capacity of surface mine
露天矿单位时间内所能采出的矿岩总量。

05.450 煤面清扫 cleaning
在煤岩界面清除残岩以提高煤质的作业。

05.451 水力剥离 hydraulic stripping
用水力冲采、运送和排弃剥离物的工艺方法。

05.452 逆向冲采 contrary efflux
冲采形成的泥浆流和射流逆向的冲采方式。

05.453 顺向冲采 longitudinal efflux
冲采形成的泥浆流与射流同向的冲采方式。

05.454 水力排土 debris disposal

在水力排土场沉淀泥浆并排出澄清水的作业。

05.455 水力排土场 debris disposal area
构筑堤坝形成的水力排土空间。

05.456 水力崩落 hydraulic loosening
将水渗入致密土岩,使土岩粘结力和内摩擦力减弱,重量加大,以利冲采的方法。

05.457 滑坡 slope slide
边帮岩体沿滑动面滑动的现象。

05.458 边帮稳定性 slope stability
边帮岩体保持稳定不受破坏的程度。

05.459 边帮安全系数 siope safety factor, slope stability factor
又称"边坡稳定系数"。反映边帮岩体稳定性的系数,通常表示为滑动面上的抗滑力[矩]与下滑力[矩]之比。

05.460 边帮破坏 slope failure
边帮岩体明显变形、滑动、塌落、倾倒的现象。

05.461 塌落 fall
边帮局部岩体突然片落的现象。

05.462 倾倒 toppling
因存在一组与坡面倾向相反的陡弱面,边帮局部岩体向采空区弯曲坍塌的现象。

05.463 滑[坡]体 sliding mass
滑坡产生的滑动岩体。

05.464 滑[动]面 sliding surface
滑体与未滑动岩体的界面。

05.465 平面型滑坡 plane sliding
滑面呈平面的滑坡。

05.466 圆弧型滑坡 circle sliding
滑面在滑体横断面上呈圆弧形的滑坡。

05.467 楔体型滑坡 wedge sliding

因两组结构面相互交割,滑体为楔体形的滑坡。

05.468 临界滑面 critical sliding surface
又称"最险滑面"。边帮安全系数最低的可能滑面。

05.469 边帮加固 slope reinforcement
加固不稳定或破坏中的边帮,使之保持稳定的工程措施。

05.470 边帮监测 slope monitoring

对边帮岩体变形及相应现象进行观察和测定的工作。

05.471 滑坡预报 slide prediction
预报滑坡发生时间和范围的工作。

05.472 排土场滑坡 dump slide
排土场松散土岩体自身的或随基底的变形或滑动。

05.473 排土场泥石流 dump mud-rock flow
排土场松散土岩受水浸透形成的泥石流。

06. 矿山机械工程

06.01 采煤机械

06.001 采煤机械 coal winning machinery,
coal getting machinery
用于采煤工作面,具有截煤、破煤、碎煤及装煤等全部或部分功能的机械。

06.002 截煤机 coal cutter
用于煤层掏槽的采煤机械。

06.003 截装机 cutter-loader
兼有掏槽和装煤功能的截煤机。

06.004 刨煤机 Kohlenhobel(德), plough,
plow
以刨头为工作机构的采煤机械。

06.005 采煤机 coal winning machine
以旋转工作机构破煤,并将其装入输送机或其它运输设备的采煤机械。

06.006 滚筒采煤机 shearer, shearer-loader
以切割滚筒为工作机构的采煤机。

06.007 钻削采煤机 trepanner
曾称"却盘纳采煤机"。以钻削头为主要工作机构的采煤机。

06.008 连续采煤机 continuous miner
又称"掘采机"。用正面切削式工作机构采

煤或掘进的机械。

06.009 骑槽式采煤机 conveyor-mounted
shearer
曾称"骑溜式采煤机"。机身骑或跨于工作面输送机槽上方或侧面工作的采煤机。

06.010 爬底板采煤机 off-pan shearer,
floor-based shearer, in-web shearer
曾称"额面式采煤机"。机身偏置于输送机煤壁侧,沿底板工作的采煤机。

06.011 普通机械化采煤机组 выемочный
комплект(俄), conventionally-mech-
anized coal winning face unit
简称"普采机组";曾称"机组"。采煤工作面的采煤、运煤等相对独立的机械和单体支护设备合理地组合在一起,在工艺过程中协调工作的采煤设备。

06.012 综合机械化采煤机组 выемочный
комплекс(俄), fully-mechanized coal
winning face unit
简称"综采机组"。采煤工作面的采煤、运煤、支护等相对独立的机械合理地组合在一起,在工艺过程中协调工作,并在运动上又相互关联的采煤设备。

06.013 采煤联动机 выемочный агрегат
(俄), coal-face winning aggregate
采煤工作面中协调地完成采煤、运煤、支护等工艺,运动上相互关联,而结构又成为一体的采煤设备。

06.014 机面高度 machine height
自采煤工作面底板至采煤机机身上表面的高度。

06.015 过煤高度 underneath clearance,
passage height under machine
采煤机与配套输送机中板间的空间高度。

06.016 截割高度 cutting height
又称"切割高度";曾称"截高"、"采高"。采掘机械截割机构工作时在底板以上形成的空间高度。

06.017 下切深度 dinting depth, undercut
曾称"卧底深度"。采掘机械截割机构下切至工作面底板以下的深度。

06.018 截深 web [depth]
采掘机械工作机构每次切入煤体或岩体内的深度。

06.019 调高 vertical steering
采煤机截割高度的调整。

06.020 调斜 roll steering
又称"调向"。采煤机侧向倾斜角度的调整。

06.021 工作机构 working mechanism,
operating organ
采掘机械上直接实现截割、破碎等主要功能的部件。

06.022 截盘 cutting jib, cutting bar
采掘机械上支承截链运行的导向架体。

06.023 截链 cutting chain
采掘机械上装有截齿的闭合铰接链条。

06.024 [截割]滚筒 cutting drum
外围装有截齿或其他破煤工具的筒形工作机构。

06.025 螺旋滚筒 screw drum, helical vane
drum
具有螺旋装载叶片的截割滚筒。

06.026 钻削头 trepan wheel
曾称"截冠"。端部装截齿以钻削方式工作的同心环形截割工作机构。

06.027 截齿 pick, bit
曾称"刀齿"。采掘机械切割煤和岩石的刀具,包括"扁截齿(flat pick)"、"锥形截齿
(conical pick)";"径向截齿(radial pick)"、
"切向截齿(tangential pick)"等。

06.028 截线 cutting line
截齿齿尖的运动轨迹。

06.029 截距 intercept
相邻截线间的距离。

06.030 截齿配置 lacing pattern, pick arr-
angement
采掘机械工作机构上截齿的选择和布置。

06.031 截槽 kerf
又称"截缝"。截盘工作时在煤层内掏出的缝状深槽。

06.032 切槽 cutting groove
截齿工作时,在煤体或岩体上形成的沟槽。

06.033 截割速度 cutting speed, bit speed
截齿齿尖运动的线速度。

06.034 切削深度 cutting depth
又称"切屑厚度"。截齿工作时,切入煤体或岩体内的深度。

06.035 截割阻抗 сопротивляемость угля
резанию(俄), cutting resistance
曾称"截割阻力"、"抗截强度"。标准截齿按

· 69 ·

规定方法截割煤体或岩体时,单位切削深度的抗力。

06.036 截割比能耗 specific energy of cutting
切割单位体积煤或岩石所消耗的能量。

06.037 磨砺性系数 coefficient of abrasiveness
曾称"磨损性系数"、"磨蚀性系数"。煤或岩石磨损刀具或其它物体能力的一种指标。

06.038 截割部 cutting unit
曾称"截煤部"。采掘机械工作机构及其传动或驱动装置和附属装置的总称。

06.039 摇臂 ranging arm
装设并传动或驱动截割滚筒,靠臂身摆幅调整采煤机截割滚筒位置高低的部件。

06.040 行走部 travel unit, traction unit
又称"牵引部"。采掘机械行走或牵引机构及其传动或驱动装置和附属装置的总称。

06.041 行走驱动装置 travel driving unit
采掘机械行走部的调速、传动机构。

06.042 行走机构 travel mechanism, traction mechanism
又称"牵引机构"。采掘机械行走部的执行机构。

06.043 牵引力 haulage pull, tractive force
驱动采煤机行走的力。

06.044 牵引速度 haulage speed, travel speed
又称"行走速度"。采煤机的行进速度。

06.045 内牵引 internal traction, integral haulage
行走驱动力源于采煤机身内的牵引方式。

06.046 外牵引 external traction, independent haulage
行走驱动力源于采煤机身外的牵引方式。

06.047 机械牵引 mechanical haulage
用机械调速的牵引传动型式。

06.048 液压牵引 hydraulic haulage
用液压调速的牵引传动型式。

06.049 电[气]牵引 electrical haulage
用电气调速的牵引传动型式。

06.050 链牵引 chain haulage
以悬置于工作面的圆环链实现采煤机行走的牵引方式。

06.051 无链牵引 chainless haulage
不用悬置于工作面的圆环链实现采煤机行走的牵引方式,如"销轨式无链牵引(pin-track type chainless haulage)"、"齿轨式无链牵引(rack-track type chainless haulage)"和"链轨式无链牵引(chain-track type chainless haulage)"等。

06.052 牵引链 haulage chain, pulling chain
实现采煤机行走的圆环链。

06.053 内喷雾 internal spraying
喷嘴设于工作机构内部的喷雾方式。

06.054 外喷雾 external spraying
喷嘴设于工作机构外部的喷雾方式。

06.055 拖缆装置 cable handler
曾称"电缆拖移装置"。采掘机械沿工作面(巷道)拖、放电缆和水管的装置。

06.056 安全绞车 safety winch
曾称"防滑绞车"。防止采煤机械下滑的专用绞车。

06.057 上漂 climbing
采掘机械工作时,工作机构向上离开工作面底板或底面的倾向和现象。

06.058 下扎 dipping, penetration

采掘机械工作时,工作机构向下切入工作面底板或底面的倾向和现象。

06.059 进刀 sumping
采掘机械向垂直于煤壁或岩壁的方向推进,进入下一截深切割的作业,如"推入进刀(push sumping)"、"正切进刀(drill sumping)"和"斜切进刀(inclined sumping)"等。

06.060 落道 derailment
又称"掉道"。采煤机械的导向靴脱离导向体的故障。

06.061 静力刨[煤机] statischer Hobel (德), static plough
刨头单纯凭籍刨链拉力工作的刨煤机。

06.062 动力刨[煤机] dynamischer Hobel (德), dynamic plough, activated plough
曾称"冲击式刨煤机"。刨头藉振动装置的冲击力和刨链的拉力工作的刨煤机。

06.063 拖钩刨[煤机] Reißhakenhobel (德), drag-hook plough
刨头以输送机槽为导轨,刨链通过拖板拖动刨头工作的刨煤机。

06.064 滑行刨[煤机] Gleithobel(德), sliding plough
刨头以滑架为导轨,刨链在滑架内直接拖动刨头工作的刨煤机。

06.065 滑行拖钩刨[煤机] Gleit-schwert-hobel(德), sliding drag-hook plough
刨头以滑架为导轨,刨链通过拖板拖动刨头的刨煤机。

06.066 刨头 plough head
由刨体、刀架、刨刀等组成的刨煤工作机构。

06.067 刨链 plough chain
牵引刨头的圆环链。

06.068 刨刀 bit, plough cutter
刨头上的刨煤刀具。包括底刀、顶刀和预割刀等。

06.069 拖板 base plate, articulated bottom plate
曾称"座板"、"掌板"。位于输送机槽下,连接刨头和刨链的板状部件。

06.070 滑架 guiding ramp, plough guide
供刨头滑行的导向架。

06.071 调向油缸 lifting ram
调整滑架和刨头底刀相对于底板水平的倾角、控制刨煤机上飘和下扎的液压缸。

06.072 前牵引 front haulage
刨链布置于输送机槽煤壁侧的牵引方式。

06.073 后牵引 rear haulage
刨链布置于输送机槽采空侧的牵引方式。

06.074 刨削深度 ploughing depth
刨刀工作时切入煤壁内的深度。

06.075 刨削速度 ploughing speed
刨刀运动的线速度。

06.076 刨削阻力 ploughing resistance
刨刀工作时的煤体抗力。

06.077 低速刨煤 slow-speed ploughing, conventional ploughing
刨削速度低于刮板链速度的刨煤方式。

06.078 高速刨煤 high-speed ploughing, overpassing ploughing
刨削速度高于刮板链速度的刨煤方式。

06.079 双速刨煤 dual-speed ploughing
刨头上行和下行采用不同刨削速度的刨煤方式。

06.080 定压控制 fixed-pressure control
推移装置以恒定的压力将输送机槽和刨煤

机滑架推向煤壁的控制方式。

06.081 定距控制 fixed-distance control

推移装置以恒定的步距将输送机槽和刨煤机滑架推向煤壁的控制方式。

06.02 掘 进 机 械

06.082 掘进机械 road-heading machinery, driving machinery

用于掘进工作面,具有钻孔、破落煤岩及装载等全部或部分功能的机械。

06.083 [巷道]掘进机 roadheader, heading machine, tunneling machine

在巷道掘进工作面,以机械方式破落煤岩并将其装入运输设备的掘进机械。

06.084 井筒掘进机 down-the-hole shaft boring machine

又称"沉入式钻井机"。沿已凿井筒沉入地下钻凿井筒的机器。

06.085 钻井机 shaft-boring machine, shaft borer

又称"立井钻机"。由地面用大直径钻头钻出立井井筒的机器。

06.086 钻巷机 drift-boring machine

又称"穿孔机"。用钻削方式钻进通道的大孔钻机。

06.087 反井钻机 raise-boring machine

又称"天井钻机"。先正向钻出导孔后,反向(一般自下而上)扩孔,钻凿暗井的钻机。

06.088 钻装机 drill loader

能完成钻眼和装载作业的机械。

06.089 全断面掘进机 tunnel boring machine, TBM, full facer

曾称"隧道掘进机"。工作机构通过旋转和连续推进,破落巷道整个断面岩石 或煤的巷道掘进机。

06.090 部分断面掘进机 selective roadheader, partial-size tunneling machine

工作机构通过摆动,顺序破落巷道部分断面的岩石或煤,最终完成全断面切割的巷道掘进机。

06.091 悬臂式掘进机 boom-type roadheader, boom roadheader

截割头装在悬臂上的部分断面掘进机。

06.092 截割头 cutting head

掘进机械上直接切割岩石的旋转部件。

06.093 悬臂 boom

安装和驱动截割头并能摆动的臂状部件。

06.094 铲装板 apron

以铲入方式集装松散煤或岩石的箕状构件。

06.095 可爬行坡度 passable gradient

允许掘进机工作的巷道坡度范围。

06.096 最小转弯半径 minimal curve radius

掘进机在其所适用的最大宽度巷道中行进时,可转弯通过的巷道中心线最小弯 曲半径。

06.097 离地间隙 ground clearance of machine

简称"地隙"。机架最低部位距巷道底板或底面的距离。

06.03　钻孔机械

06.098　钻孔机械　drilling machine
简称"钻机"。矿山钻孔作业用的机械。

06.099　潜孔钻机　down-hole drill, percussive drill
钻头和潜孔冲击器一起在孔内工作的钻孔机械。

06.100　潜孔冲击器　down-hole hammer
和钻头一起在孔内工作,产生冲击作用的装置。

06.101　探钻装置　probe drilling system
巷道掘进工程中钻探勘查水、瓦斯等情况的装置。

06.102　锚杆钻机　roofbolter
曾称"锚杆打眼安装机"。具有向顶板或巷道两帮钻孔并安装锚杆功能的钻机。

06.103　风镐　air pick, pneumatic pick
用压缩空气为动力,冲击破落煤及其它矿体或物体的手持机具。

06.104　煤电钻　electric coal drill
曾称"电煤钻"。用于煤体钻孔的电动机具。

06.105　岩石电钻　electric rock drill
用于岩体钻孔的电动机具。

06.106　凿岩机　hammer drill, percussion rock drill

以冲击回转方式工作的岩体钻孔机具。包括"气动凿岩机(pneumatic hammer drill)"、"液压凿岩机(hydraulic hammer drill)"和"电动凿岩机(electric hammer drill)"等。

06.107　气腿　airleg
由气缸支承和推进凿岩机的装置。

06.108　凿岩台车　drill jumbo, drill carriage
又称"钻车"。支承、推进和移动一台或多台凿岩机的车辆。

06.109　钻头　[bore] bit
安装在钻杆前端,回转破碎煤或岩石的刀具。

06.110　钻杆　drill rod
向钻头传递动力,随同钻头进入钻孔的杆状或管状零件。

06.111　钎头　[bore] bit
安装在钎杆前端,冲击回转钻凿岩孔的刀具。包括"一字钎头(single-chisel bit)"、"十字钎头(cruciform bit)"等。

06.112　钎杆　stem
向钎头传递动力,随同钎头进入钻孔的杆状或管状零件。

06.113　钎尾　[bit] shank
插入凿岩机内的钎杆的尾端。

06.04　装载机械

06.114　装载机械　loader
将散料或块料装至接续设备上的机械。

06.115　装煤机　coal loader
装载煤炭的机械。

06.116　装岩机　rock loader, muck loader
装载松散岩石的机械。

06.117　耙斗装载机　slusher, scraper loader
曾称"耙矿机"、"耙斗装煤机"。用耙斗作装载机构的装载机械。

06.118　耙斗　scraper bucket
用绞车牵引往复运动,直接扒取散料或块料的斗状构件。

06.119　扒爪装载机　gathering-arm loader, collecting-arm loader
曾称"集爪装载机"、"蟹爪装载机"。用扒爪作工作机构的装载机械。

06.120　扒爪　gathering-arm, collecting-arm
沿封闭曲线运动,扒集散料或块料进行装载的[蟹螯状]工作机构。

06.121　铲斗装载机　bucket loader
曾称"铲式装载机"、"翻斗装载机"。用铲斗作工作机构的装载机械。

06.122　铲斗　bucket
以向前推进方式铲取散料或块料进行装载的斗状构件。

06.123　铲入力　bucket thrust force
使铲斗插入待装散料或块料堆的力。

06.124　侧卸式装载机　side discharge loader
具有侧面卸载功能的装载机械。

06.05　矿　山　运　输

06.125　输送　conveying
曾称"运输"。依靠设备(管道、沟槽)本身使物料形成货流的运送方式。

06.126　气力输送　air conveying, pneumatic conveying
曾称"风力运输"。用压力气流作载体,以一定速度运送[容器盛装的]散料的输送方式。

06.127　水力输送　hydraulic conveying
用压力水流作载体,以一定速度运送散料的输送方式。

06.128　重力运输　gravitational conveying, gravity haulage
曾称"自溜运输"。利用散料或运输容器重力沿底板、底面或承托－导向体下滑的运送方式。

06.129　搪瓷溜槽　enameled trough
内表面搪瓷的金属长槽。常用作重力运输的承托－导向体。

06.130　轨道运输　track transport, track haulage
利用轨道作承托－导向体,以车辆作运输容

器的运送方式。

06.131　无轨运输　trackless transport
不用承托－导向体,以无轨车辆作运输容器的运送方式。

06.132　矿车　[mine] car, pit tub
矿山运输物料用的窄轨车辆。包括"固定车箱式矿车(solid [mine]car)"、"翻转车箱式矿车(dump[ing mine] car)"、"底卸式矿车(drop-bottom [mine] car)"、"侧卸式矿车(drop-side [mine] car)"以及"平板车(flat[-deck mine] car)"、"材料车(supply [mine] car)"等。

06.133　梭[行矿]车　shuttle car
曾称"梭式矿车"、"梭形矿车"。具有自卸功能,可在巷道中双向行驶的车辆。分"轨道梭行矿车(shuttle car on rail)"和"胶轮梭行矿车(rubber-tyred shuttle car)"两类。

06.134　人车　man car
矿山运送人员的车辆。包括"平巷人车(roadway man car)"、"斜井人车(inclined-shaft man car)"和"斜坡道人车(slope man car)"。

06.135 专用车 special car, specialty car

供矿山特殊用途使用的车辆。包括"炸药车（powder［mine］car)"、"检修车（repair［mine］car)"、"救护车（rescue［mine］car)"、"卫生车（health［mine］car)"、"消防车（quenching［mine］car)"等。

06.136 串车 trip, train

在斜井或斜巷内用钢丝绳牵引的由两个以上矿车组成的车组。

06.137 阻车器 car stop, retarder

又称"挡车器"、"稳车器"。装在轨道侧旁或罐笼，翻车机内使矿车停车、定位的装置。

06.138 挡车栏 arrester

安装在上、下山，防止矿车跑车事故的安全装置。

06.139 推车机 car pusher, ram

曾称"推车器"。在车场上短距离推动矿车或串车的设备。

06.140 爬车机 creeper

曾称"高度补偿器"、"爬链"、"链式爬车机"。在倾斜轨道上将车辆从低处推到高处的设备。

06.141 翻车机 tippler, rotary car dumper

曾称"翻笼"、"滚笼"。将固定车箱式矿车翻转卸载的设备。

06.142 矿用机车 mine locomotive

矿山运输用的窄轨机车。按动力不同分架线式、蓄电池式电机车，内燃机车，复式能源机车。

06.143 胶套轮机车 rubber-tyred car, rubber-tyred locomotive

钢车轮踏面包敷特种材料以加大粘着系数提高爬坡能力的矿用机车。

06.144 齿轨机车 rack track car, rack track locomotive

借助道床上的齿条与机车上的齿轮实现增加爬坡能力的矿用机车。

06.145 输送机 conveyor

曾称"运输机"。具有输送功能的机械。

06.146 带式输送机 belt conveyor

曾称"皮带运输机"、"皮带输送机"。用无极挠性输送带载运物料的输送机。

06.147 可伸缩带式输送机 extensible belt conveyor

机身设有贮放带装置，能根据工作面位置变化调整自身长度的输送机。

06.148 输送带 conveying belt

带式输送机使用的物料装载挠性带。煤矿井下使用"阻燃输送带（flame-retarded conveying belt)"。

06.149 滚筒 drum, pulley

驱动输送带或改变其运行方向的圆筒形组件。

06.150 托辊 carrying idler, supporting roller

承托输送带或钢丝绳的长回转体组件。

06.151 刮板输送机 scraper conveyor, flight conveyor

曾称"溜子"、"电溜子"、"链板运输机"。用刮板链牵引，在槽内运送散料的输送机。

06.152 可弯曲刮板输送机 flexible flight conveyor, armored face conveyor, AFC

曾称"可弯曲链板运输机"。其相邻中部槽在水平、垂直面内可稍稍折曲的刮板输送机。

06.153 拐角刮板输送机 roller curve conveyor

机身呈 90°固定弯曲设置的可弯曲刮板输送机。

06.154 驱动装置 drive unit

曾称"传动部"、"机头"、"驱动部"。输送机的电动机、耦合器或联轴器、减速器的总成。

06.155 机头部 drive head unit

输送机驱动装置、机头架、链轮或滚筒等的总成。刮板输送机按卸载方向分"端卸式机头部（front-discharging drive head unit）"和"侧卸式机头部（side-discharging drive head unit）"。

06.156 机尾部 drive end unit

输送机尾部使刮板链或输送带返向运行组件的总成。

06.157 ［中部］槽 [line] pan

曾称"溜槽"、"链槽"。构成刮板输送机中部机身的盛载槽。分"封底式槽（closed-bottom pan）"、"开底式槽（open-bottom pan）"和"标准槽（standard pan）"、"调节槽（adjusting pan）"。

06.158 过渡槽 ramp pan

机头或机尾部和中部槽的连接槽。

06.159 刮板链 scraper chain, flight chain

刮板和圆环链链段的组件。分"中单链刮板链（single center chain）"、"中双链刮板链（twin center chain）"、"边双链刮板链（twin outboard chain）"、"准边双链刮板链（twin wideboard chain）"和"三链刮板链（triple chain）"。

06.160 挡煤板 spillplate

装在中部槽一侧主要防止煤炭外溢的构件。

06.161 铲煤板 ramp plate

装在中部槽一侧用以铲装浮煤的构件。

06.162 张紧装置 tensioner, take-up device

曾称"拉紧装置"。张紧输送带、钢丝绳或刮板链的装置。

06.163 推移装置 pusher jack

曾称"移溜装置"、"移溜千斤顶"、"移溜器"。在采煤工作面横向推移可弯曲刮板输送机或刨煤机机身的装置。

06.164 桥式转载机 bridge conveyor, stage loader

曾称"顺槽转载机"。机身前半部与可伸缩带式输送机搭接，能纵向整体移动的刮板输送机。

06.165 钢丝绳［牵引］运输 wire rope haulage

用钢丝绳牵引容器、人车或坐具，运送货载或人员的运输方式。

06.166 无极绳［牵引］运输 endless-rope haulage

用循环运行的钢丝绳牵引矿车的运输方式。

06.167 矿用绞车 mine winch, mine winder

曾称"小绞车"、"矿井绞车"。用于矿山，借助于钢丝绳牵引以实现其工作目的的设备。包括"摩擦轮运输绞车（friction haulage winch）"，"调度绞车（dispatching winch）"，"回柱绞车（prop-pulling winch）"，"耙矿绞车（scraper winch）"和"安全绞车（safety winch）"等。

06.168 主尾绳［牵引］运输 main-and-tai' [rope] haulage

用主绳牵引重载矿车、尾绳牵引空矿车实现往复运输的运输方式。

06.169 单轨吊车 overhead [rope] monorail

曾称"单轨吊"、"单轨运输吊车"。在悬吊的单轨上运行，由驱动车或牵引车（钢丝绳牵引用）、制动车、承载车等组成的运输设备。

06.170 卡轨车 road railer, coolie car

装有卡轨轮，在轨道上行驶的车辆。

06.171 矿井提升机 mine winder, mine hoist

曾称"矿井卷扬机"、"绞车"、"矿井绞车"。安装在地面,借助于钢丝绳带动提升容器沿井筒或斜坡道运行的提升机械。分"缠绕式提升机(mine drum winder)"和"摩擦式提升机(mine friction winder)"。

06.172 矿井提升绞车 mine winder, mine hoist

又称"矿用提升绞车"。安装在井下,借助于钢丝绳带动提升容器运行的提升机械。分"缠绕式提升绞车(drum winder)"和"摩擦式提升绞车(friction winder)"。

06.173 卷筒 winding drum, hoist drum

曾称"滚筒"、"绳筒"、"绞筒"。矿井提升机或矿井提升绞车上用以缠绕钢丝绳的部件

06.174 缠绕式提升 drum winding

曾称"卷筒提升"、"滚筒提升"。钢丝绳一端固定并缠绕在提升机卷筒上,另一端悬挂提升容器,利用卷筒不同转向,实现容器升降的提升方式。包括"单卷筒缠绕式提升(single-drum winding)"、"双卷筒缠绕式提升(double-drum winding)"、"可分离单卷筒缠绕式提升(single-separable-drum winding)"、"多绳缠绕式提升(multi-rope drum winding, Blair multi-rope winding)"和"绞轮式提升(bobbin winding)"等。

06.175 摩擦式提升 friction hoisting, Koepe hoisting

曾称"戈培轮提升"。钢丝绳绕过摩擦轮,两端悬挂容器(或一端悬挂平衡锤),利用摩擦轮的不同转向,通过其上衬垫与钢丝绳的摩擦力带动容器升降的提升方式。分为"单绳摩擦式提升(single-rope friction hoisting)"、

"多绳摩擦式提升(multi-rope friction hoisting)"、"井塔式摩擦式提升(tower-mounted friction hoisting)"、"落地式摩擦式提升(ground-mounted friction hoisting)"。

06.176 多水平提升 multi-level hoisting, multi-level winding

一台矿井提升机或矿井提升绞车同时服务于一个以上开采水平的提升方式。

06.177 多段提升 multi-stage hoisting

曾称"多级提升"。多台矿井提升机或矿井提升绞车的多水平接力提升方式。

06.178 平衡提升 balanced hoisting

提升过程中作用在卷筒轴上的静力矩基本不变的提升方式。

06.179 不平衡提升 unbalanced hoisting

提升过程中作用在卷筒轴上的静力矩变化的提升方式。

06.180 摩擦轮 friction pulley, Koepe wheel

曾称"主导轮"。在提升和运输机械中,利用摩擦力带动钢丝绳运动的组件。

06.181 主绳 main rope, head rope

又称"提升钢丝绳";曾称"首绳"、"提升绳"。在平衡提升中,牵引容器的钢丝绳。

06.182 尾绳 tail rope, balance rope

挂在两容器(或容器与平衡锤)的底部起平衡作用的钢丝绳。分"等重尾绳(equal-weight tail rope)"、"重尾绳(heavy-weight tail rope)"、"轻尾绳(light-weight tail rope)"。

06.183 天轮 head sheave, sheave wheel

又称"绳轮"。设置在井架或暗井顶部,承托

提升钢丝绳的导向轮。分"固定天轮(keyed [head] sheave)"和"游动天轮(floating [head] sheave)"。

06.184 井架 headframe
安装天轮及其它设备的构筑物。包括"木井架(wooden headframe)"、"钢井架(steel headframe)"、"混凝土井架(concrete head-frame)"和"砖井架(brick headframe)"等。

06.185 井塔 hoist tower, shaft tower
曾称"提升塔"、"井楼"。安装塔式摩擦式提升机的地面高构筑物。

06.186 上出绳 overlap
提升钢丝绳从卷筒轴线以上出绳的缠绕安装方式。

06.187 下出绳 underlap
提升钢丝绳从卷筒轴线以下出绳的缠绕安装方式。

06.188 偏角 fleet angle
曾称"走角"。钢丝绳绳弦与天轮绳槽中心平面之间的夹角。

06.189 出绳角 elevation angle
又称"仰角";曾称"倾角"。钢丝绳绳弦与水平面之间的夹角。在双钩提升中有上出绳角和下出绳角之分。

06.190 摩擦圈 holding turns, dead turns
为减小钢丝绳绳头在卷筒固定处的张力而保留在卷筒上的绳圈。

06.191 错绳圈 spare turns, live turns
卷筒作多层缠绕时,留作定期错动钢丝绳相对接触位置而多缠绕的绳圈。

06.192 检验圈 inspection cutting turns
定期截取一定长度钢丝绳供强度检验用的绳圈。

06.193 间隔圈 interval turns

单卷筒矿井提升机或矿井提升绞车作双钩提升时,上、下出绳间相隔的空绳圈。

06.194 包角 wrap angle, angle of contact
又称"围包角"。钢丝绳和摩擦轮或传送带和驱动卷筒之间接触弧段所对应的中心角。

06.195 提升容器 hoisting conveyance
箕斗、罐笼、吊桶等的统称。

06.196 箕斗 skip
装运煤炭或矸石的提升容器。多为自动装卸。

06.197 罐笼 cage
装运矿车、人员、物料等的提升容器。

06.198 防坠器 safety catcher, parachute
曾称"断绳保险器"。钢丝绳或连接装置断裂时,防止提升容器坠落的保护装置。

06.199 过卷 overwind, overtravel
提升容器向上运行超过其正常停车位置的事故现象。

06.200 过放 overfall
提升容器向下运行超过其正常停车位置的事故现象。

06.201 过卷高度 overwind height, over-wind distance, overraise clearance
又称"过卷距离";曾称"过卷扬距离"。为避免过卷时容器在井架上可能造成的碰撞破坏,在确定井架高度时,留有的安全距离。

06.202 过放高度 overfall height, overfall distance, overfall clearance
又称"过放距离"。为避免过放时容器在井底可能造成的碰撞破坏,井底必须留有的同过卷高度相应的安全距离。

06.203 过速 overspeed
又称"超速"。提升容器实际运行速度超过设计速度图规定值时的状态。

06.204 自然加速度 natural acceleration
沿倾斜方向下行的提升容器受重力作用而产生的加速度。

06.205 自然减速度 natural deceleration
沿倾斜方向上行的提升容器受重力作用而产生的减速度。

06.206 防滑[安全]系数 antiskiding factor
摩擦式提升机钢丝绳和衬垫间的极限摩擦力与摩擦轮两侧钢丝绳实际拉力差的比值。分"静防滑安全系数（static antiskiding factor）"和"动防滑安全系数（dynamic antiskiding factor）"两种。

06.207 工作制动 service braking
矿井提升机或矿井提升绞车在正常运转过程中实现减速和停车的制动。

06.208 安全制动 safety braking, emergency braking
又称"紧急制动"；曾称"保险制动"。矿井提升机或矿井提升绞车，在运行过程中发生非常情况时紧急停车的制动。

06.209 二级制动 two stage braking, two period braking
分两级施加制动力矩的安全制动。

06.210 制动系统 brake system
由动力源、控制系统和执行机构构成的实现制动功能的系统。

06.211 制动空行程时间 time lag, dead time
安全制动时，由保护回路断电起到闸块或闸瓦与制动盘或制动轮接触止所经历的时间。

06.212 终端载荷 end load
加在主绳末端的载荷。

06.213 变位质量 equivalent mass
又称"当量质量"。将提升系统各运动部件的质量等效地换算到卷筒（或摩擦轮）名义

直径上的质量。

06.214 提升不均衡系数 hoisting unbalance factor
曾称"提升不均匀系数"。考虑矿山生产过程的不均匀性，提升设备能力增大的倍数。

06.215 提升富裕系数 hoisting abundant factor
提升设备能力与矿山设计能力的比值。

06.216 经济提升速度 economic hoisting speed, economic winding speed
又称"合理提升速度"。矿山提升设备初期投资的均摊值与运转费用之和为最小时的提升速度。

06.217 经济提升量 economic hoisting capacity, economic winding capacity
又称"一次合理提升量"。与经济提升速度相应的一次提升货载的质量。

06.218 提升容器自重减轻系数 коэффициент неуравновешенности собственного веса подьемных сосудов(俄)，unbalance coefficient of sole weight of hoisting conveyance
又称"容器自重不平衡系数"。提升容器在卸载曲轨上的自重减少量与其自重的比值。

06.219 提升容器载重减轻系数 коэффициент опоражнивания сосудов(俄)，unloading coefficient of hoisting conveyance
又称"提升容器卸空系数"。提升容器在卸载曲轨上运行时的卸载量与其载量的比值。

06.220 矿井提升阻力 шахтное сопротивление(俄)，winding resistance of mine
提升系统运行时，摩擦阻力、空气阻力和钢丝绳弯曲阻力等的总和。

06.221 矿井提升阻力系数 коэффициент

щахтных сопротивлении(俄),
coefficient of winding resistance of
mine

容器荷载重力与矿井阻力之和对荷载重力
的比值。

06.07　液压支架

06.222　[液压]支架　hydraulic support,
powered support
曾称"机械化支架"、"自移支架"。以液压为
动力实现升降、前移等运动,进行顶板支护
的设备。

06.223　支撑式支架　поддерживающая
крепь(俄), standing support
有顶梁,没有掩护梁的液压支架。

06.224　垛式支架　chock [support]
具有带立柱复位装置的箱式底座,作整体移
动的支撑式支架。

06.225　节式支架　frame [support]
由两个以上机械连接的架节组成,各相邻架
节互为支点,依次移动的支撑式支架。

06.226　架节　support unit, support section
相对独立,且彼此结构相似的节式支架组成
单元。

06.227　掩护式支架　shield [support]
有掩护梁的液压支架。

06.228　支撑掩护式支架　chock-shield [sup-
port], поддерживающе-оградитель-
ная крепь(俄)
具有顶梁和掩护梁,有两排立柱的液压支
架。

06.229　端头支架　face-end support
用于采煤工作面端头处的液压支架。

06.230　锚固支架　anchor support
起锚固作用的液压支架。

06.231　迈步式支架　шагающая крепь(俄),
walking support
又称"提腿式支架"。移架时,后、前立柱交
互提、移、伸,类似人腿行走的节式支架。

06.232　即时前移支架　immediate forward
support, IFS, one-web back system
曾称"立即支护支架"。采煤机采过后可以
立即前移[一个截深]、支护的液压支架。

06.233　放顶煤支架　sublevel caving hydrau-
lic support
用于放顶煤采煤工艺的专用液压支架。

06.234　铺网支架　support with mesh-laying
device
具有沿顶(底)板铺设垫网功能的液压支架。

06.235　最大[结构]高度　maximum con-
structive height
曾称"最大伸出高度"。立柱完全伸出、顶梁
处于水平状态下的支架高度。

06.236　最小[结构]高度　minimum con-
structive height
曾称"最小收缩高度"。立柱完全缩入、顶梁
处于水平状态下的支架高度。

06.237　最大工作高度　maximum working
height
曾称"最大支撑高度"。支架允许使用的最
大高度。

06.238　最小工作高度　minimum working
height
曾称"最小支撑高度"。支架允许使用的最
小高度。

06.239 支架伸缩比 support extension ratio
又称"伸缩系数"。支架最大结构高度与最小结构高度之比。

06.240 带压移架 sliding advance of support
又称"擦顶移架"。在立柱不完全卸载情况下移动支架。

06.241 本架控制 local control
操作者在支架内操纵本支架的控制方式。

06.242 邻架控制 adjacent control
操作者在支架内操纵邻支架的控制方式。

06.243 顺序控制 sequential control
沿工作面按一定顺序移设支架的半自动控制方法。

06.244 成组控制 batch control, bank control
沿工作面以若干架为一组顺序移设支架的半自动控制方法。

06.245 电液控制 electro-hydraulic control
用电子液压系统自动控制支架的方式和技术。

06.246 主[顶]梁 main canopy
立柱上方的顶梁。

06.247 前[探]梁 forepole, cantilever roof bar
曾称"正悬梁"。铰接在主顶梁前方支护无立柱空间顶板的构件。

06.248 伸缩[前]梁 extensible canopy
可以向前滑动伸出,临时支护工作面新暴露顶板的构件。

06.249 掩护梁 caving shield
连接顶梁和底座,承受支架水平力和垮落顶板岩石压力,防止岩石进入支架内的构件。

06.250 护帮板 face guard
在支架前方顶住煤壁,防止片帮的板状构件。

06.251 底座 base
支架接触底板的承载构件。

06.252 双纽线机构 lemniscate linkage
又称"支架四连杆机构"。在支架的机构原理图上,掩护梁与底座之间用前、后连杆连接形成的四连杆机构。支架升降时,顶梁前端可沿双纽线移动,使端面距变化较小。

06.253 乳化液泵站 emulsion power pack
向工作面设备提供压力乳化液的设备。

06.254 防倒装置 tilting prevention device
防止支架倾倒的装置的总称。

06.255 防滑装置 slippage prevention device
防止支架移动时下滑的装置的总称。

06.08 露天采矿机械

06.256 挖掘机 excavator
用铲斗从工作面铲装剥离物或矿产品并将其运至排卸地点卸载的自行式采掘机械。

06.257 单斗挖掘机 [power] shovel, single-bucket excavator
又称"单斗铲"。使用一个铲斗的挖掘机。按铲斗传动方式可分为"机械挖掘机(mechanical shovel)"和"液压挖掘机(hydraulic shovel)"。

06.258 多斗挖掘机 multi-bucket excavator, continuous excavator
又称"多斗铲"。使用多个铲斗的挖掘机。

06.259 正铲[挖掘机] [face] shovel

铲斗背向下安装在斗臂前端,主要用于上挖的单斗挖掘机。

06.260 反铲[挖掘机] backhoe [shovel], ditcher

铲斗背向上安装在斗臂前端,主要用于下挖的单斗挖掘机。

06.261 拉铲[挖掘机] dragline [excavator]

曾称"索斗铲"、"吊斗铲"、"吊铲"。铲斗靠前方钢丝绳牵引沿地(坡)面滑行,铲装剥离物或矿产品,靠后方钢丝绳牵引返回,并吊起来卸载的单斗挖掘机。

06.262 轮斗挖掘机 [bucket] wheel exca-vator

又称"轮斗铲";曾称"斗轮挖掘机"。靠装在臂架前端的斗轮转动,由斗轮周边的铲斗轮流挖取剥离物或矿产品的一种连续式多斗挖掘机。

06.263 链斗挖掘机 chain excavator

靠装在链架内的斗链移动,由斗链上的铲斗轮流挖取剥离物或矿产品的一种连续式多斗挖掘机。

06.264 露天采矿机 surface miner

全称"露天连续采矿机"。由装在滚筒周边的截齿破落剥离物或矿产品,将其收集并用机身上的输送机装载的一种连续式露天采矿机械。

06.265 螺旋采煤机 auger [miner]

用多个大直径带螺旋排煤叶片的钻削头,沿煤层钻削采煤的一种露天矿采煤机械。

06.266 [悬臂]排土机 spreader, stacker

由装在悬臂上的带式输送机将装在其上的剥离物运输、排卸到排土场的一种露天矿运输、排卸机械。

06.267 [运输]排土桥 conveyor bridge

在轨道上行驶,上面装有带式输送机,把剥离物从剥离台阶横跨采场运输、排卸至内部排土场的露天矿设备。

06.268 推土犁 dumping plough

在轨道上行驶,用侧开板把剥离物外推并平整路基的排土机械。

06.269 横向排运机组 cross-pit system, XPS-system

由轮(链)斗挖掘机和悬臂排土机[、中间转载机]组成,挖取和运输、排卸剥离物的连续式综合机组。

06.270 铲运机 scraper

靠自身行走或外力牵引,由铲斗铲挖,运输和排卸剥离物的机械。

06.271 矿用卡车 mine truck

运输剥离物或矿产品的矿山专用自卸式卡车。

06.272 架线辅助式矿用卡车 trolley-assist-ed mine truck

除了柴油发动机－发电机－电动机系统之外,在某些区段改用架线电网－电动机系统拖动的矿用卡车。

06.273 带式输送机移设机 conveyor track shifter

横向推移带式输送机,使其进入新的工作位置的机械。

06.09 排 水 机 械

06.274 主排水设备 main pumping equip-ment

安装在主排水泵硐室内,排出全矿涌水的设备。主要包括主排水泵、管道、电动机和控制设备等。

06.275 离心[式水]泵 centrifugal pump
利用叶轮与水相互作用,使水获得能量,沿径向或斜向流出的排水机械。前者又称"径流式水泵(radial flow pump)",后者又称"混流式水泵(mixed flow pump)"。

06.276 轴流[式水]泵 axial flow pump
利用叶轮与水相互作用,使水获得能量,沿轴向流出的排水机械。

06.277 螺杆[式水]泵 screw pump, spiral pump
利用螺杆转子副旋转时与泵体内表面形成的移动接触面(密封面),沿轴向将螺杆副螺旋空间中的液体压出的机械。

06.278 往复[式水]泵 reciprocating pump
利用柱塞、活塞或隔膜在缸体内的往复运动,改变腔室容积,抽入和压出液体的机械。按结构不同分为"柱塞泵(plunger pump)"、"活塞泵(piston pump)"和"隔膜泵(diaphragm pump)"。

06.279 泥浆泵 slurry pump
专门排送泥浆的排水机械。

06.280 吊泵 hanging pump, sinking pump
沿井筒轴线方向吊挂工作的井筒排水机械。多为混流式水泵。

06.281 深井泵 deep-well pump, drowned pump
用于井田疏干,沉入钻孔中排水的机械。包括"长轴深井泵(deep-well pump with lineshaft)"和"潜水深井泵(submersible deep-well pump)"。

06.282 潜水泵 submersible pump
泵体和电动机可浸入水中工作的排水机械。

06.283 喷射泵 jet pump
使高压水或压缩空气由喷嘴喷出,造成周围局部负压,实现吸水上扬的排水机械。

06.284 流量 flow rate, pump capacity
又称"排水量"。单位时间内泵排出的液体体积或质量。

06.285 扬程 [range of] lift
单位重量的液体在泵内获得的总能量,单位为米。

06.286 吸水高度 suction height
由最低吸水水位到水泵标准基面(卧式水泵为通过水泵轴线的水平面)的垂直高度。

06.287 泵有效功率 pump effective power, pump output power
又称"泵输出功率"。单位时间内液体由泵获得的有用能量。

06.288 泵轴功率 pump shaft power
原动机供给泵轴的功率,即泵的输入功率。

06.289 泵效率 pump efficiency
泵有效功率与泵轴功率之比。

06.290 气穴现象 cavitation
在水泵入口处,如果水的绝对压强低于该温度下水的饱和蒸汽压,将形成汽泡,汽泡进入叶轮的高压区迅速破裂,产生高压水力冲击和振动的现象。

06.291 汽蚀 cavitation erosion, cavitation damage
水泵叶轮表面受到气穴现象的冲击和侵蚀产生剥落和损坏的现象。

06.292 吸上真空度 degree of suction vacuum
大气压能与泵吸入口处压能之差。为确保不发生汽蚀,可由发生断流时的最大吸上真空度减去安全量0.3m,作为泵的允许吸上真空度。

06.293 汽蚀余量 net positive suction head, NPSH
在泵的入口处,单位重量液体具有的超过汽

化压能的富余能量。

06.294 泵特性曲线 pump characteristic curve

泵的扬程、功率、效率及允许吸上真空度(或汽蚀余量)与泵流量之间的关系曲线。它与同一座标上管道曲线的交点,称为"泵的工况点(pump operating point)"。

06.295 水击 water hammer

又称"水锤"。在排水系统中,由于各种原因(如断电,逆止阀急速关闭或操作不当等)水流速度或流量突然变化,造成管道中压力(压强)瞬间急剧上升,产生巨大破坏力的现象。

06.10 压气机械

06.296 空气压缩机 air compressor

简称"空压机"。生产高压空气的机械。按运动方式分为"回转式空压机(rotary air compressor)"、"往复式空压机(reciprocating air compressor)";按压缩级数分为"单级空压机(single-stage air compressor)"、"两级空压机(two-stage air compressor)"和"多级空压机(multi-stage air compressor)";按气缸布置方式分为"立式空压机(vertical air compressor)"、"卧式空压机(horizontal air compressor)"和"角式空压机(angular air compressor)";按冷却方式分为"水冷空压机(water-cooled air compressor)"和"风冷空压机(air-cooled air compressor)";按安装方式分为"固定式空压机(fixed air compressor)"、"无基础式空压机(fondation-free air compressor)"和"移动式空压机(mobile air compressor)"。

06.297 往复式空压机 reciprocating air compressor

利用活塞或隔膜在缸体内的往复运动,改变腔室容积,抽入和压出空气的机械。包括"活塞式空压机(piston air compressor)"和"隔膜式空压机(diaphragm air compressor)"两种。按活塞往复一次气缸吸气的次数分为"单作用式空压机(single-acting air compressor)"和"双作用式空压机(double-acting air compressor)"。

06.298 排气量 air capacity

空压机单位时间内排出的、换算为吸气状态下的空气体积。

06.299 排气压力 discharge pressure

空压机最末一级排出的空气压力(压强)。

06.300 余隙容积 clearance volume

活塞行至终端停止点时气缸剩余的容积。包括活塞端面与气缸盖之间的间隙容积和气缸与气阀连接通道的容积。

06.301 压缩比 compression ratio

气缸出口压力(压强)与入口压力(压强)之比。在两级或多级空压机中每级气缸的压缩比称为"级压缩比(stage compression ratio)",而末级出口压力(压强)与初级入口压力(压强)之比称为"总压缩比(overall compression ratio)"。

06.302 等温理论功率 theoretical isothermal power

空压机按等温理论循环工作时所需的功率。

06.303 绝热理论功率 theoretical adiabatic power

空压机按绝热理论循环工作时所需的功率。

06.304 轴功率 shaft power

原动机供给空压机轴的功率。

06.305 等温全效率 overall isothermal efficiency

等温理论功率与轴功率之比。

06.306　绝热全效率　overall adiabatic efficiency

绝热理论功率与轴功率之比。

06.307　示功图　indicator diagram, diagram of work

由示功器记录下来的,表示在压力(压强)-容积座标上的循环线图。该线图所围成的面积即为空压机一循环的全功。

06.308　示功器　indicator

与活塞式空压机气缸中的压力(压强)及活塞行程相联系,可绘制出示功图的装置。

06.309　冷却器　cooler

降低压缩空气温度的换热器。按设置的位置不同可分为"中间冷却器(intercooler)","后冷却器(aftercooler)"。

06.310　储气罐　air receiver

俗称"风包"。储存一部分压缩空气,减缓空压机排出气流脉动的容器。兼有从压缩空气中分出油、水的作用。

06.311　油水分离器　oil mist separator

分离压缩空气中的油滴和水分的装置。一般设置在井底,井下管路最低处以及上山入口等地点。

06.11　选 煤 机 械

06.312　筛分机　screen

又称"筛子"。使物料分成不同粒级的设备。

06.313　棒条筛　bar screen

筛面由棒条组成的一种固定筛。筛孔[间隙]一般大于 25mm。

06.314　条缝筛　wedge-wire screen

筛面由楔形筛条组成的一种固定筛。筛孔[缝宽]一般不超过 1mm。

06.315　弧形筛　seive bend

筛面沿纵向(物料运动方向)呈弧形,筛条横向排列的一种条缝筛。

06.316　旋流筛　vortex sieve

用楔形筛条构成圆筒形和倒置的截头圆锥形筛面的一种条缝筛。

06.317　振动筛　vibrating screen

用机械或电磁的方法使筛箱振动的筛分机。

06.318　共振筛　resonance screen

振动频率接近或等于弹性机架固有频率的振动筛。

06.319　[振动]概率筛　probability screen

实现概率筛分的振动筛。

06.320　琴弦筛　piano-wire screen, power screen

利用筛面上钢丝的颤动,以提高筛分效率的振动筛。

06.321　弛张筛　flip-flop screen

曾称"筛面曲张筛"、"弹性变形筛"。通过倾斜筛箱上安装的弹性筛面的弛、张运动抛掷物料的筛分机。

06.322　等厚筛　vibrating screen with constant bed thickness, banana vibrating screen

在单机上实现等厚筛分的振动筛。

06.323　齿辊破碎机　toothed roll crusher

圆辊上带齿的辊式破碎机。

06.324　滚筒碎选机　rotary breaker

又称"选择性破碎机";曾称"滚筒破碎机"、"碎选机"。通过旋转的带孔的滚筒,利用其内侧的提升板将物料提起、翻落,实现选择性破碎和筛分的机械。

06.325 跳汰机 jig, washbox
利用脉冲运动使物料在分选介质中分层,并将分层后的产品分别排出的机械。

06.326 空气脉动跳汰机 air pulsating jig
曾称"无活塞跳汰机"。用间断导入的压缩空气驱动分选介质,产生脉冲运动的跳汰机。

06.327 筛侧空气室跳汰机 Baum jig
又称"鲍姆跳汰机";曾称"侧鼓式跳汰机"、"侧鼓风跳汰机"。空气室在跳汰室一侧的空气脉动跳汰机。

06.328 筛下空气室跳汰机 Batac jig, Tacub jig
曾称"筛下气室式跳汰机"。空气室在跳汰机筛板下面的空气脉动跳汰机。

06.329 跳汰室 jigging chamber
曾称"分选室"。跳汰机中物料分层和产品分离的工作室。

06.330 空气室 air chamber
曾称"风室"。跳汰机中与跳汰室直接连通的压缩空气工作室。

06.331 重介质分选机 dense-medium separator, heavy medium separator
利用密度大于水的介质选煤的机械。

06.332 斜轮[重介质]分选机 inclined lifting wheel separator, Drew Boy separator
曾称"斜提升轮分选机"。用斜提升轮提升并排除沉物的重介质分选机。

06.333 立轮[重介质]分选机 vertical lifting wheel separator
用垂直提升轮提升并排除沉物的重介质分选机。

06.334 重介质旋流器 dense-medium cyclone
利用重介质的密度和离心力分选末煤的分选机。

06.335 磁选机 magnetic separator
根据物质磁性的差别实现分选的机械。

06.336 斜槽分选机 counterflow steeply inclined separator
实现斜槽选煤的机械。

06.337 螺旋分选机 spiral
物料在绕垂直轴线弯曲成螺旋状的溜槽中,利用离心力和重力进行分选的机械。

06.338 摇床 shaking table, concentrating table
曾称"淘汰盘"。物料在作纵向往复差动运动并装有床条的床面上,主要按密度分选的机械。

06.339 浮选机 flotation machine, flotation cells
煤浆在其中进行泡沫浮选的机械。

06.340 机械搅拌式浮选机 subaeration flotation machine, agitation froth machine
依靠旋转的叶轮吸入空气(或同时从外部压入空气)并进行搅拌,使气泡分散在煤浆中的浮选机。

06.341 喷射式浮选机 jet flotation machine
曾称"喷射旋流式浮选机"。利用高速煤浆流通过喷射器所产生的负压使煤浆充气的浮选机。

06.342 浮选柱 columned pneumatic flotation machine
无搅拌叶轮,将空气由柱形机体底部经充气器给入与煤浆混合,形成矿化泡沫的浮选设备。

06.343　煤浆准备器　pulp preprocessor
又称"煤浆预处理器"。借高速旋转的圆盘或叶轮的离心作用,使浮选剂雾化,形成气溶胶,以强化浮选过程的设备。

06.344　离心[脱水]机　centrifuge
利用离心力分离液体和固体的机械。

06.345　过滤式离心[脱水]机　basket centrifuge
在离心力的作用下,加到旋转的圆锥形筛篮中的含水末煤紧贴在筛面上,水则通过固体的间隙和筛缝甩出,从而实现末煤脱水的机械。

06.346　沉降式离心[脱水]机　bowl centrifuge
在离心力的作用下,加到圆筒(圆锥)形转筒中的煤泥水中的煤泥沉降到转筒壁上,水则溢流到转筒外面,从而实现煤泥水脱水的机械。

06.347　沉降过滤式离心[脱水]机　screenbowl centrifuge
又称"筛网沉降式离心[脱水]机"。在离心力的作用下,加到圆筒形转筒中的细煤泥先在沉降段中沉淀,然后在过滤段中进一步排水,从而实现煤泥水脱水的机械。

06.348　过滤机　filter
利用多孔过滤介质两侧的压力差,分离物料中固体和水的机械。

06.349　真空过滤机　vacuum filter
在过滤介质一侧利用负压实现过滤的机械。

06.350　圆盘式真空过滤机　disc-type filter
过滤面为圆盘形的真空过滤机。

06.351　压滤机　pressure filter
在过滤介质一侧施加机械力实现过滤的机械。常用的有"箱式压滤机(chamber pressure filter)"和"带式压滤机(belt pressure filter)"两种。

06.352　干燥机　dryer, drier
借热力使湿物料干燥的机械。按结构分有"管式干燥机(tubular dryer)"、"滚筒式干燥机(drum dryer)"、"井筒式干燥机(shaft dryer)"、"沸腾层式干燥机(fluid-bed dryer)"和"螺旋式干燥机(helicoid screw dryer)"。

06.353　耙式浓缩机　rake thickener
由缓倾斜底的圆筒形池子和绕中心轴回转的耙子所组成的澄清、浓缩设备。

06.354　深锥浓缩机　deep cone thickener
高度大于直径、上部为圆筒、下部为锥角较小的倒圆锥形的澄清、浓缩设备。

06.355　[粉煤]成型机　briquetting machine, briquetting press
利用机械力把配合料压成型煤的机械。

06.356　冲压式成型机　impact briquetting machine
曾称"冲压机"。冲压塞在成型沟槽中产生间歇冲压作用的成型机。

06.357　环式成型机　ring-type briquetting machine
又称"环压机"。由成型环和在环内偏心安装、并带凸峰的压盘共同产生挤压作用的成型机。

06.358　对辊成型机　roller briquetting machine
又称"辊式成型机"。用带有对应模窝的两个压辊相向转动产生挤压作用的成型机。

06.359　挤压成型机　single-lead-screw extruding briquetting machine
利用锥形模具和在筒中旋转的螺旋杆产生挤压、剪切作用的成型机。

07. 矿山电气工程

07.01 矿 山 供 电

07.001 矿区供电系统 mining area power supply system
由各种电压的电力线路将矿区的变电所和电力用户联系起来的输电、变电、配电和用电的整体。

07.002 矿井供电系统 mine power supply system
由各种电压的电力线路将矿井的变电所和电力用户联系起来的输电、变电、配电和用电的整体。

07.003 矿区变电所 mining area main sub-station
向几个矿井、露天矿及其他用电单位供电的变电所。

07.004 矿井地面[主]变电所 surface main substation
设在地面、向全矿供电的变、配电中心。

07.005 中性点有效接地系统 system with effectively earthed neutral
又称"大接地电流系统"。变压器中性点直接接地或经一低值阻抗接地的系统。通常其零序电抗与正序电抗的比值不大于3,零序电阻与正序电抗的比值不大于1。

07.006 中性点非有效接地系统 system with non-effectively earthed neutral
又称"小接地电流系统"。变压器中性点不接地,或经高值阻抗接地或谐振接地的系统。通常其系统的零序电抗与正序电抗的比值大于3,零序电阻与正序电抗的比值大于1。

07.007 中性点直接接地的配电系统 distribution system connected directly to earth
在故障条件下,为了使变压器中性点尽可能不偏移以及满足其它要求,变压器中性点直接接地的配电系统。

07.008 中性点经电抗接地的配电系统 distribution system connected to earth through a reactor
为减少电网单相接地时的电容电流(稳态值),在变压器中性点与地间连接电抗线圈的配电系统。

07.009 中性点经电阻接地的配电系统 distribution system connected to earth through a resistor
为了提高漏电保护装置选择性以及降低电弧接地过电压值等目的,变压器中性点经电阻接地的配电系统。

07.010 中性点绝缘的配电系统 distribution system insulated from earth
变压器中性点与地绝缘的配电系统。当发生单相接地时,通过故障点的电流,主要是电容性电流。

07.011 单相接地电容电流 unbalanced earth fault capacitance current
在变压器中性点绝缘的电网中,当发生单相接地时,由于电网各相对地电容的存在,流入故障点的电容性电流。

07.012 井下供电系统 underground power supply system
进入井下的供电电缆、供电设备及其所组成的输电、变电、配电和用电的整体。

07.013 井下主变电所 underground main substation, shaft-bottom main substation

又称"井下中央变电所"。设置在井底车场或主要生产水平的变、配电中心。

07.014 采区变电所 working section substation

采区的变、配电中心。

07.015 工作面配电点 face power distribution point

工作面及其附近巷道的配电中心。

07.016 矿用隔爆型移动变电站 flameproof mining mobile transformer substation, FLP transformer for use in mine

由变压器及高、低压开关等组成的,可随工作面移动的隔爆型电气设备整体。

07.017 矿用隔爆型干式变压器 flameproof dry-type transformer

不用油绝缘和冷却的隔爆型变压器。

07.018 矿用橡套软电缆 rubber-sheathed flexible cable for mine

用橡胶作绝缘和护套的各种用途的电缆。其护套具有阻燃性。

07.019 隔爆型电缆连接器 bolted flameproof cable coupling device for mine, flameproof connection box for mine

具有隔爆型结构的电缆连接装置,包括电缆接线盒、电缆插销等。

07.020 吨煤电耗 electrical energy consumption per tonne of raw coal

采 lt 原煤所消耗的电量。为直接用于原煤生产的总耗电量除以原煤总产量。

07.021 吨煤电费 electric energy cost per tonne of raw coal

全矿平均每采 1t 原煤所需要的电费。

07.022 排水电耗 electrical energy consumption of pumping

垂直高度 100m, 每排出 1t 水所消耗的电能。可以此评估排水系统的效率。

07.023 通风电耗 electrical energy consumption of ventilation

通风机全压 1Pa, 每排出 $1Mm^3$ 风量所消耗的电能。可以此评估通风机的效率。

07.024 压风比功率 specific power of compressed air

空压机在公称条件下的排气量为 $1m^3/min$ 时所需要的功率。可以此评估压风机的效率。

07.025 矿灯 head lamp, cap lamp

又称"头灯"、"帽灯"。矿工头戴式照明灯,由灯头、电缆和蓄电池构成。当灯泡(主光源)被击碎时能立即断电。

07.026 矿用防爆灯具 flameproof luminaire

由馈电网络供电的,适用于有瓦斯或(和)煤尘爆炸危险的煤矿井下照明用的防爆灯具。

07.02 矿山电气安全

07.027 防爆电气设备 electrical apparatus for explosive atmospheres

又称"爆炸性环境用电气设备"。按规定标准设计制造不会引起周围爆炸性混合物爆炸的电气设备。

07.028 隔爆型电气设备 flameproof electrical apparatus

具有隔爆外壳的防爆电气设备。代表符号"d"。

07.029 隔爆外壳 flameproof enclosure

能承受内部爆炸性气体混合物的爆炸压力并阻止内部的爆炸向外壳周围爆炸性混合物传播的电气设备外壳。

07.030 隔爆接合面 flameproof joint
为阻止内部的爆炸向外壳周围的爆炸性气体混合物传播，隔爆外壳各个部件相对表面配合在一起的接合面。

07.031 隔爆接合面长度 length of flameproof joint
从隔爆外壳内部通过隔爆接合面到隔爆外壳外部的最短通路长度。

07.032 隔爆结合面粗糙度 surface roughness of flameproof joint
隔爆外壳接合面加工时，要求加工表面的粗糙程度。

07.033 隔爆接合面间隙 gap of flameproof joint
隔爆接合面相对表面间的距离。对于圆筒隔爆接合面，则为径向间隙(直径差)。

07.034 最大试验安全间隙 maximum experimental safe gap, MESG
在标准规定试验条件下，壳内所有浓度的被试验气体或蒸气与空气的混合物点燃后，通过 25mm 长的接合面均不能点燃壳外爆炸性气体混合物的外壳空腔两部分之间接合面的最大间隙。

07.035 最大许可间隙 maximum permitted gap
根据隔爆型电气设备的类别、级别、隔爆外壳的容积和隔爆接合面的长度而规定的间隙最大值。

07.036 平滑压力 smoothed pressure
由隔爆型电气设备进行爆炸试验时记录的压力(压强)曲线削去寄生波纹后所画出的曲线图形而得到的压力(压强)。

07.037 参考压力 reference pressure
隔爆型电气设备型式试验中得到的几个最大平滑压力(压强)中的最高值。

07.038 强度试验 pressure test
检验隔爆型电气设备所需承受的内部爆炸压力(压强)的试验。

07.039 静态[强度]试验 static test of pressure
通过缓慢施加气体或液体压力(压强)而进行的强度试验。

07.040 动态[强度]试验 dynamic test of pressure
通过爆炸进行的强度试验。

07.041 隔爆性能试验 test for non-transmission of an internal explosion
检验隔爆型电气设备内部规定的爆炸性气体混合物爆炸时能否点燃设备周围同一爆炸性气体混合物的试验。

07.042 增安型电气设备 increased safety electrical apparatus
在正常运行条件下不会产生电弧、火花或可能点燃爆炸性混合物的高温的设备结构上采取措施提高安全程度，以避免在正常和认可的过载条件下出现这些现象的电气设备。代表符号"e"。

07.043 热极限电流 thermal current limit
在最高环境温度下，1 秒钟内使导体从额定运行时的稳定温度上升到极限温度的电流有效值。代表符号"I_{th}"。

07.044 动态极限电流 dynamic current limit
电气设备能承受其电动力作用而不损坏的峰值电流。代表符号"I_{dyn}"。

07.045 极限堵转时间 locked time
在最高环境温度下，达到额定运行最终稳定

温度后的交流电动机绕组，从开始通过启动电流(堵转电流)时算起直至上升到极限温度的时间。代表符号"t_E"。

07.046　本质安全电路 intrinsically safe circuit

简称"本安电路"。在规定的试验条件下，正常工作或在规定的故障状态下产生的电火花和热效应均不能点燃规定的爆炸性混合物的电路。代表符号"i"。

07.047　本质安全型电气设备 intrinsically safe electrical apparatus

简称"本安型设备"。全部电路为本质安全电路的设备。代表符号"i"。

07.048　关联电气设备 associated electrical apparatus

设备内部电路能影响与之联接的本安型设备的安全性能的电气设备。

07.049　本质安全型电气设备或关联电气设备的等级 category of intrinsically safe or associated electrical apparatus

简称"本安型或关联电气设备的等级"。由故障点个数或相关的安全因素确定的本质安全型电气设备或关联电气设备的安全水平。

07.050　本质安全连接装置 intrinsically safe interface

又称"本安连接电路"、"本安连接设备"。接在非本安电路与本安电路之间，用来限制能量，以保证本安电路本安性能的接口。

07.051　隔爆兼本质安全型电源 flameproof and intrinsically safe power supply

简称"隔爆兼本安型电源"。具有隔爆外壳而部分电路为本质安全型的矿用电源。

07.052　本质安全型电池组 intrinsically safe battery package

简称"本安型电池组"。由电池及限流元件组成并浇封为一体，能将输出最大短路电流限制在本质安全范围内的电池组。

07.053　隔离电容器 blocking capacitor

从直流回路上把本质安全电路与非本质安全电路隔离并具有规定性能的电容器。

07.054　分流安全元件 shunt safety component

与电感元件并联，用来限制电感能量释放到本质安全电路断开处的元件。

07.055　安全栅 safety barrier

接在本质全电路和非本质安全电路之间。将供给本质安全电路的电压或电流限制在一定安全范围内的装置。

07.056　火花试验装置 spark test apparatus

用来检验电路接通或断开产生的电火花能量能否点燃规定的爆炸性混合物的装置。

07.057　正压型电气设备 pressurized electrical apparatus

外壳内充有保护性气体并保持其压力(压强)高于周围爆炸性环境的压力(压强)，以阻止外部爆炸性混合物进入的防爆电气设备。代表符号"p"。

07.058　充油型电气设备 oil immersed electrical apparatus

全部或部分部件浸在油内，使设备不能点燃油面以上的或外壳外的爆炸性混合物的防爆电气设备。代表符号"o"。

07.059　充砂型电气设备 sand filled electrical apparatus

外壳内充填砂粒材料，使之在规定的条件下壳内产生的电弧、传播的火焰、外壳壁或砂粒材料表面的过热均不能点燃周围爆炸性混合物的防爆电气设备。代表符号"q"。

07.060　无火花型电气设备 non-sparking electrical apparatus

在正常运行条件下,不会点燃周围爆炸性混合物,且一般不会发生有点燃作用的故障的防爆电气设备。代表符号"n"。

07.061 浇封型电气设备 encapsulated electrical apparatus

将电气设备或其部件浇封在浇封剂中,使它在正常运行和认可的过载或认可的故障下不能点燃周围的爆炸性混合物的防爆电气设备。代表符号"m"。

07.062 气密型电气设备 hermetically sealed electrical apparatus

具有气密外壳的防爆电气设备。代表符号"h"。

07.063 特殊型电气设备 special type electrical apparatus

异于现有防爆型式,由主管部门制订暂行规定,经国家认可的检验机构检验证明,具有防爆性能的电气设备。该型防爆电气设备须报国家技术监督局备案。代表符号"s"。

07.064 矿用一般型电气设备 mining electrical apparatus for non-explosive atmospheres

仅用于煤矿井下无瓦斯和(或)煤尘爆炸性危险场所,具有一定安全要求的电气设备。代表符号"KY"。

07.065 爬电距离 creepage distance

在两个导电部分之间沿绝缘材料表面的最短距离。

07.066 空气间隙 clearance

两裸露导电部分间的最短距离。

07.067 非危险火花金属 non-sparking metal

在规定条件下,由机械冲击或摩擦产生的火花不能点燃爆炸性混合物的金属。

07.068 电缆引入装置 cable entry

将电缆引入电气设备而不改变该设备防爆型式的装置。

07.069 导管引入装置 conduit entry

将导管接到电气设备上使导线引入电气设备而不改变该设备防爆型式的装置。

07.070 直接引入 direct entry

采用主体外壳内的或与主体外壳互通的端子箱内的连接装置将电气设备与外电路连接的方式。

07.071 间接引入 indirect entry

采用主体外壳外面的接线盒或插头和插座将电气设备与外电路连接,且不改变主体外壳的防爆型式和防护等级的连接方式。

07.072 防爆电气设备类别 group of an electrical apparatus for explosive atmospheres

根据电气设备使用环境而划分的类别。煤矿用设备为Ⅰ类,其它为Ⅱ类。Ⅱ类还可分为 A、B、C 三级。

07.073 防爆型式 type of protection〔of an electrical apparatus for explosive atmospheres〕

为防止点燃周围爆炸性混合物而对电气设备采取各种特定措施的型式。

07.074 引燃温度 ignition temperature

按照标准试验方法试验时,引燃爆炸性混合物的最低温度。

07.075 最小点燃电流 minimum igniting current, MIC

在规定的试验条件下,能点燃最易点燃混合物的最小电流。

07.076 甲烷爆炸界限 explosive limit of methane

能够使甲烷和空气的混合气体发生爆炸的甲烷浓度范围。

07.077　甲烷最小引燃能量 minimum igniting energy of methane

在规定的试验条件下,能够引燃甲烷和空气混合气体的最小能量。

07.078　压力重叠 pressure piling

点燃外壳内某一空腔或间隔内的爆炸性气体混合物而引起与之相通的其它空腔或间隔内的被预压的爆炸性气体混合物点燃时所呈现的压力(压强)升高现象。

07.079　爆炸危险场所 hazardous area

爆炸性混合物出现的或预期可能出现的数量达到足以要求对电气设备的结构、安装和使用采取预防措施的场所。

07.080　爆炸性混合物 explosive mixture

在大气条件下,气体、蒸气、薄雾、粉尘或纤维状的易燃物质与空气混合,点燃后,燃烧将在整个范围内快速传播形成爆炸的混合物。

07.081　爆炸性环境 explosive atmosphere

含有爆炸性混合物的环境。

07.082　防爆合格证 conformity certificate of protection [of electrical apparatus for explosive atmospheres]

由国家认可的检验机构颁发的用以证明样机或试样及其技术文件符合有关标准中的一种或几种防爆型式要求的证件。

07.083　最高表面温度 maximum surface temperature

电气设备在容许的最不利条件下运行时,暴露于爆炸性混合物的任何表面的任何部分,不可能引起电气设备周围爆炸性混合物爆炸的最高温度。

07.084　净容积 free volume

外壳内部总容积除去电气设备所必须的内容物所剩的容积。

07.085　总接地网 general earthed system

用导体将所有应连接的接地装置连成的一个接地系统。

07.086　井下主接地极 underground main earthed electrode

埋设在井底主、副水仓或集水井内的金属板接地极。

07.087　局部接地极 local earthed electrode

在集中或单个装有电气设备(包括连接动力铠装电缆的接线盒)的地点单独埋设的接地极。

07.088　接地装置 earthing device

各接地极和接地导线、接地引线的总称。

07.089　接地母线 earthed busbar, ground strap, ground bus

与主接地极连接,供井下主变电所、主水泵房等所用电气设备外壳连接的母线。

07.090　辅助接地母线 auxiliary earthed busbar

井下区域、采区变电所,机电硐室和配电点内的电气设备外壳与局部接地极、电缆的接地部分连接的母线。

07.091　井下保护接地 underground protective earthing

把电气设备正常不带电的外露金属部分用导体与总接地网或与接地装置连接起来的技术措施。

07.092　总接地网接地电阻 earthing resistance of general earthed system

总接地网上任意点的对地电阻。

07.093　接触电压 touch voltage

绝缘损坏时,同时可触及部分之间出现的电压。

07.094　间接接触 indirect contact

人或动物与故障情况下变为带电的外露导

电部分的接触。

07.095　跨步电压 step voltage
人站立在有电流流过的大地上,存在于两足之间的电压。

07.096　安全[特低]电压 safety extra-low voltage, SELV
为防止触电事故而采用的由特定电源供电的电压系列。在任何情况下,在两导体之间或任一导体与地之间这个电压系列的上限值均不得超过有效值 50V(交流 50—500Hz)。

07.097　触电电流 shock current
通过人体或动物体并可能引起病理、生理效应特征的电流。

07.098　安全电流 safety current
流经人体致命器官而又不至致人死命的最大电流值。它的大小与作用时间有关,作用时间长,其值下降。

07.099　漏电保护 earth leakage protection
电网漏电电流超过设定值时,能自动切断电路或发出信号的功能。

07.100　选择性漏电保护 selective earth leakage protection
电网馈出线上发生漏电故障时,能正确选出并切断发生故障馈出线的保护功能。

07.101　漏电闭锁 earth leakage search/lockout
检测分断状态的馈电开关或电磁起动器负荷侧绝缘电阻,如低于设定值时使其不能合闸送电的功能。

07.102　安全阻抗 safety impedance
带电部分和可触及的导电部分之间的阻抗。可在设备正常使用和发生故障的情况下,把电流限制在安全值以内,并在设备的整个寿命期间保持其可靠性。

07.103　泄漏电流 leakage current
在没有故障的情况,流入大地或电路中外部导电部分的电流。

07.104　安全距离 safe distance
为了防止人体、车辆或其它物体触及、碰撞或接近带电体等造成危险,在两者之间所需保持的一定空间距离。

07.105　静电导体 electrostatic conductor
体电阻率在 $1 \times 10^6 \Omega \cdot cm$ 以下,当其接地时,不能积聚静电电荷的材料。

07.106　静电非导体 electrostatic non-conductor
体电阻率在 $1 \times 10^8 \Omega \cdot cm$ 以上,能在其上积聚足够大的静电电荷并引起各种静电现象的材料。

07.107　静电事故 electrostatic accident
因静电放电或静电力作用,导致发生危险或损害的现象。

07.108　静电灾害 electrostatic hazard
因静电放电而导致的比较大或人力无法抵御的事故。如火灾、爆炸、人体静电电击和二次事故等。

07.109　杂散电流 stray current
任何不按预定通路而流动的电流。

07.03　煤矿监测与控制

07.110　煤矿[集中]监测 mine monitoring
为煤矿安全和正常生产而进行的对各有关参数或状态的集中监视与检测。

07.111　矿井环境监测 [underground] mine environmental monitoring
对矿井环境条件的各种参数进行的监测。

07.112 矿井火区环境监测 [underground] mine fire-zone environmental monitoring

对矿井自燃火区中的环境条件参数进行的监测。

07.113 设备健康监测 health monitoring of equipment

对设备运行状况和与潜在故障有关的因素进行的监测。其监测数据用于设备的故障诊断和维修管理,需要时也可被主生产监控系统调用。

07.114 煤矿[集中]监控 mine supervision

为煤矿安全和正常生产而进行的对各有关参数或状态的集中监测,并对有关环节加以控制。

07.115 煤矿生产[过程]监控 mine productive supervision

对煤矿各生产环节进行的集中监控。

07.116 煤矿轨道运输监控 mine track haulage supervision

又称"信集闭系统"。对煤矿轨道运输进行的集中监控。在对机车位置、信号机、转辙机等状态监测的基础上,实现进路、信号、道岔等的集中联锁和闭锁。

07.117 煤矿带式输送机运输监控 mine belt conveyor supervision

对煤矿生产中带式输送机系统的集中监控。包括对输送带打滑、断带、跑偏、堆煤等故障的监控。

07.118 采煤工作面监控 coal face supervision

对采煤工作面上的采煤机、输送机和液压支架等机械进行的集中监控。

07.119 地面数据处理中心 central station

又称"中心站"。煤矿监控系统的地面数据处理中心。它接收系统中各种监测数据,对其进行分析、存储、打印、显示等处理,可对局部生产环节发出控制指令和信号。

07.120 [监控]主站 master station

煤矿生产过程或局部生产环节监测、监控系统的中心数据处理装置。可接收分站或局部设备传来的各种监测数据,并对其进行处理,亦可对分站及有关设备发出控制指令和信号。

07.121 [监控]分站 outstation

煤矿监测、监控系统中,设置在被监控对象相对集中地点的数据采集、处理和控制装置。又是中心站或主站与被监控对象间进行信息传递的中间环节。

07.122 传输接口 transmission interface

由公共实体互连特性、信号特性和互换电路功能特性所规定的共同界面。在监测监控系统中,它可将中心站(主站)到分站以及分站到中心站的信息转换成彼此能够接受的信息。

07.123 星状[监控]传输网 star transmission network

又称"放射状传输网"。监控系统中每一个分站各通过一根传输电缆与主站、传输接口或中心站相连,而构成的一种放射状结构的传输网络。

07.124 树状[监控]传输网 tree transmission network

监控系统中每一个分站就近通过一根公共电缆与主站、传输接口或中心站相连而构成的一种类似树枝状结构的传输网络。

07.125 环状[监控]传输网 loop transmission network

监控系统中主站、传输接口或中心站与各个分站通过一根电缆串接起来而构成的一种环状结构的传输网络。

07.126 敏感器 sensor

又称"敏感元件"。直接响应被测变量,并将它转换成适于测量的信号的元件或器件。敏感器输出信号和输入变量间的关系是固有的,不因外来手段而改变。

07.127 传感器 transducer
接受物理或化学变量(输入变量)形式的信息,并按一定规律将其转换成同种或别种性质的输出信号的装置。

07.128 变送器 transmitter
输出为标准信号的传感器。

07.129 检测仪表 measuring instrument
能确定所感受的被测变量大小的仪表,可以是传感器、变送器或自身兼有敏感器和显示装置的仪表。

07.130 甲烷传感器 methane transducer
将空气中的甲烷浓度变量转换成有一定对应关系的输出信号的装置。

07.131 烟雾传感器 smoke transducer
将空气中的烟雾浓度变量转换成有一定对应关系的输出信号的装置。

07.132 一氧化碳传感器 carbon monoxide transducer
将空气中的一氧化碳浓度变量转换成有一定对应关系的输出信号的装置。

07.133 负压传感器 negative pressure transducer
将低于参考点气压的压力(压强)差变量转换成有一定对应关系的输出信号的装置。

07.134 风速传感器 air velocity transducer
将空气的流动速度变量转换成有一定对应关系的输出信号的装置。

07.135 煤位计 coal level meter
测量煤仓煤位高度的装置。

07.136 采煤机位置传感器 shearer position transducer
将采煤机在工作面的运行位置变量转换成有一定对应关系的输出信号的装置。

07.137 机车位置传感器 locomotive position transducer
反映机车位置,输出约定信号的装置。

07.138 煤岩界面传感器 coal-rock interface transducer
在采掘机械上检测煤岩界面位置,并输出约定信号的装置。

07.139 设备开停传感器 equipment on/off transducer
检测设备开停状态,并转换成约定输出信号的装置。

07.140 胶带打滑传感器 belt track slip transducer
检测胶带运行时的打滑状态,并转换成约定输出信号的装置。

07.141 胶带撕裂传感器 belt rip transducer
反映胶带撕裂故障,并输出约定信号的装置。

07.142 胶带跑偏传感器 belt disalignment transducer
能按预设位置测出胶带跑偏极限状态,并将其转换成开关量信号输出的装置。

07.143 输送机堆煤传感器 conveyor coal blocking transducer
在输送机上能按预设位置测出煤炭堆积极限状态,并将其转换成约定信号输出的装置。

07.144 矿用胶带秤 belt conveyor scale for mine
又称"矿用皮带秤"。对带式输送机上运送的散料的重量进行自动连续称量的装置。

07.145 胶带载人保护器 protecting device

for belt riding

当带式输送机胶带上载的人越过预定下车线时,可立即切断电源,使其停车的装置。

07.146　提升信号装置　winding signalling, hoisting signalling

用作提升机房、井口、井下各水平之间信号

联络并具有必要闭锁的装置。

07.147　斜井人车信号装置　inclined shaft manrider signalling

供斜井人车与提升机房间进行信号联络的装置。

07.04　煤 矿 通 信

07.148　矿区以外通信　communication beyond mining area

通过煤炭工业专用网或公用网实现的矿区对外的通信。包括通过市话、载波、微波、卫星等的通信。

07.149　矿区通信　mining area communication

以矿务局为中心,矿区内各单位之间的各类地面通信。

07.150　矿井通信　[underground] mine communication

以矿为中心,矿内各部门、环节之间的各类井上下通信。

07.151　井下通信　underground communication

以矿调度室为中心,调度室与井下各生产环节和有关辅助环节之间、井下各环节相互之间、或各环节内部的通信。

07.152　矿井调度通信　[underground] mine dispatching communication

专供调度指挥用的、调度室与井上下各生产环节和有关辅助环节之间的通信。

07.153　矿井调度通信主系统　main system of [underground] mine dispatching communication

与矿调度室直接联系的通信系统。由调度电话总机、与之直接联系的各调度电话分机

或局部通信系统(子系统)的调度通信汇接装置以及它们之间的传输通道等构成。

07.154　矿井调度通信子系统　subsystem of [underground] mine dispatching communication

通过调度通信汇接装置进入调度通信主系统的各生产环节及辅助环节的局部通信系统。

07.155　矿井局部通信系统　[underground] mine local communication system

井上下生产环节、辅助环节局部范围内联络、指挥用的通信系统。

07.156　调度特权　dispatcher's priority

调度员为实现其指挥调度而行使的通信优先权,包括监听、强拆和强插入其被调度对象的通信业务。

07.157　紧呼　emergency call

全称"紧急呼叫"。在紧急情况下调度对被调度,或反之被调度对调度的呼叫。

07.158　选呼　selective call

通过对呼叫信号的编码(频率码或脉冲数字码),主叫用户可以有选择地呼叫被叫用户的呼叫方式。

07.159　组呼　group call

调度对被调度对象以成组方式的呼叫。

07.160　全呼　all call

调度对全体被调度对象的呼叫。

07.161 扩音传呼 loudspeaker paging
通过被叫用户话机上的扩音设备,实现主叫对被叫用户呼叫的方式。

07.162 通播 emergency through broadcasting
在紧急情况下,调度对被调度对象的部分或全体,实现语言扩音广播的通信方式。

07.163 工作面通信 face communication
工作面上的人员之间、工作面与采区巷道之间的通信。

07.164 井筒通信 shaft communication
井筒内人员与提升机房、井口、以及井下各水平有关工作人员之间的通信。

07.165 架线电机车载波通信 carrier communication for trolley locomotive
调度与电机车之间,或电机车相互间利用架空馈线和铁轨作为载波传输线的通信。

07.166 输送机线通信 communication for conveyor line
输送机线沿线工作人员之间的通信。

07.167 移动通信 mobile communication
通信中的一方或双方处于运动中的通信。

07.168 矿山救护通信 mine rescue communication
矿山救护工作中使用的通信。

07.169 同线电话通信 party line telephone communication
几部电话机共用一对传输线的通信方式。

07.170 井下无线通信 underground radio communication
借助矿井特殊信道实现的无线通信。包括甚低频、特低频透地通信,电磁波沿低导层(煤层)传播的中频通信,以巷道作波导的甚高频、特高频通信,以及有线－无线相结合的中频感应通信和高频、甚高频漏泄通信。

07.171 透地通信 through-the-earth communication
借助于甚低频以下的电磁波透过地层来实现地面和井下的通信。

07.172 感应通信 inductive communication
借助于感应体(沿井筒或巷道敷设的导线、金属管道或其它导体)对电磁波传播的导行作用实现的通信。

07.173 长感应环线 long induction loop
两边分别悬挂在巷道两侧,用作感应通信传输线的长环。其长宽比远大于1,其周长一般大于一个波长。

07.174 漏泄通信 leaky feeder communication
借助于漏泄馈线导行电磁波的通信。

07.175 漏泄馈线 leaky feeder
具有开放或半开放式结构的射频传输线。电磁波在沿该线纵向传播的同时,还通过其结构上的开放处向其周围空间辐射。

07.176 漏泄[同轴]电缆 leaky coaxial cable
一种同轴电缆式的漏泄馈线,其外导体具有疏编、开槽或孔等开放结构,电磁波可在缆中纵向传播,同时可横向辐射。射频能量可由电缆发到外界,或从外部传入电缆。

07.177 漏泄电缆的传输损耗 transmission loss of leaky coaxial cable
电磁波在漏泄电缆中纵向传播过程中单位长度上的功率损耗。

07.178 漏泄电缆的耦合损耗 coupling loss of leaky coaxial cable
漏泄电缆和附近天线之间耦合的功率损耗。一般指离漏泄电缆一定垂直距离处的半波偶极子天线所接收的功率与该处电缆内部传输功率之比的分贝数。

07.179　矿用通信电缆　communication cable for mine

具有适用于矿井环境的机械强度、耐潮、防静电和阻燃等性能的矿井专用通信电缆。

07.180　矿用光缆　optical fiber cable for mine

具有适用于矿井环境的机械强度、耐潮、防静电和阻燃等性能的矿井专用光缆。

07.181　低导层固有传播　natural propagation in low conductance layer

在井下不存在金属导体的场所,电磁波沿低电导率媒质传播的方式。夹在具有相对较高电导率的顶、底板间的煤层或空气可视为低导层。

07.182　巷道固有传播　natural propagation in an empty roadway

在不存在任何金属导体的空巷道中,巷道作为有损介质波导的电磁波传播方式。

07.183　巷道的截止频率　roadway cut-off frequency

对应于巷道固有传播方式,巷道作为波导的截止频率。

07.184　单线模[式]　monofilar mode

借助于沿巷道敷设的一根导线和巷道壁对电磁波导行的传播模式。

07.185　双线模[式]　bifilar mode

借助于沿巷道敷设的两根导线对电磁波导行的传播模式。

07.186　模[式]转换器　mode converter

插在两段同轴电缆或双线传输线之间,用来将其中所传输的同轴模或双线模电磁波的一小部分能量转换成单线模的器件。

07.187　[调度通信]汇接装置　interconnecting device for dispatching communication system

调度通信主系统和子系统间的接口。用来实现主系统和子系统通信设备之间呼叫信号、摘挂机信号和话音信号等的转换和传递,同时不影响各系统的独立性和本安特性。

07.188　矿用电话机　mine telephone set

具有防爆、防尘、防潮等性能,适合矿井特殊要求的电话机。

07.189　声力电话机　sound powered telephone set

不需通话电源,直接以声－电换能进行通话的电话机。

07.05　煤炭工业信息管理

07.190　煤炭管理信息系统　coal management information system

收集、存储及分析数据,以供煤矿各级企、事业的管理人员使用的数据处理系统。

07.191　煤炭信息处理系统　coal information processing system

在煤矿各级企业、事业单位内、外具有接收、传送、模型识别、过程控制和处理信息功能的系统。

07.192　煤炭辅助决策系统　coal decision support system, coal auxiliary decision-making system

又称"决策支持系统"。根据事先建立的判定原则或模拟模型,为煤矿各级企业、事业的各种请求去寻找最佳答案的联机实时系统。

07.193　煤炭信息检索系统　coal information retrieval system

采用数据处理技术和方法、致力于煤炭信息的产生、收集、评价、存储、检索和分发的有机整体。由硬件、软件、库系统、管理者和用户五要素组成。

08. 煤 矿 安 全

08.01 矿 山 通 风

08.001 有害气体 harmful gas
在一般或一定条件下有损人体健康,或危害作业安全的气体。包括有毒气体、可燃性气体和窒息性气体。

08.002 矿井通风 mine ventilation
向矿井连续输送新鲜空气,供给人员呼吸,稀释并排出有害气体和浮尘,改善井下气候条件及救灾时控制风流的作业。

08.003 露天矿通风 surface mine ventilation, open-pit ventilation
利用自然风流或人工射流,将露天矿生产过程中产生的有害气体及浮尘排放至露天矿外,使露天矿大气的品质达到规定标准的作业。

08.004 矿井空气 mine air
来自地面的新鲜空气和井下产生的有害气体和浮尘的混合体。

08.005 新鲜空气 fresh air
成分与地面空气相同或近似的空气。

08.006 污浊空气 contaminated air
受到井下浮尘和有害气体污染的空气。

08.007 矿井气候条件 climatic condition in mine
由温度、湿度、大气压力和风速等参数反映的矿井空气综合状态。

08.008 窒息性气体 asphyxiating gas
使空气中氧的浓度下降,危害人体呼吸的气体。

08.009 可燃性气体 inflammable gas
与空气混合后能够燃烧或爆炸的气体。

08.010 矿井空气调节 mine air conditioning
调节矿井空气温度、湿度和风速的作业。

08.011 风量 air quantity
单位时间内,流过井巷或风筒的空气体积或质量。

08.012 需风量 required airflow
为供人员呼吸,稀释和排出有害气体、浮尘,以创造良好气候条件所需要的风量。

08.013 风量按需分配 air distribution
将矿井总进风量,按各采掘工作面、硐室所需进行的风量分流。

08.014 风量自然分配 natural distribution of airflow
在通风网络中,由于各井巷风阻大小不同,自然产生的风量分流。

08.015 进风[风流] intake airflow
进入井下各用风地点以前的风流。

08.016 回风[风流] return airflow
从井下用风地点流出的风流。

08.017 负压 negative pressure
风流的绝对压力(压强)小于井外或风筒外同标高的大气压力(压强),其相对压力(压强)为负值,称负压。

08.018 正压 positive pressure
风流的绝对压力(压强)大于井外或风筒外同标高的大气压力(压强),其相对压力(压强)为正值,称正压。

08.019 自然风压 natural ventilation pressure
在矿井通风系统中,由于空气柱的质量的不同而产生的压力(压强)差。

08.020 通风机全压 total pressure of fan
通风机出口侧和进口侧的总风压差。

08.021 通风机动压 velocity pressure of fan
通风机出口断面上风流的速度压。

08.022 通风机静压 static pressure of fan
通风机的全压和动压之差。

08.023 通风压力分布图 ventilation pressure map
表示某一通风线路的压力(压强)、阻力变化的图形。

08.024 通风阻力 ventilation resistance
风流的摩擦阻力与局部阻力的总称。

08.025 摩擦阻力 frictional resistance
由于风流与井巷壁间的摩擦所产生的阻力。

08.026 局部阻力 shock resistance
由于风流速度或方向的变化,导致风流剧烈冲击形成涡流而引起的阻力。

08.027 摩擦阻力系数 coefficient of frictional resistance
与巷道壁面的粗糙程度及空气密度有关的系数。

08.028 局部阻力系数 coefficient of shock resistance
与风流方向速度变化有关的系数。

08.029 等积孔 equivalent orifice
与矿井或井巷的风阻值相当的假想薄壁孔口面积值,用来衡量矿井或井巷通风难易的程度。

08.030 [井巷]风阻特性曲线 air way characteristic curve
表示矿井或井巷的通风阻力和风量关系特征的曲线。

08.031 机械通风 mechanical ventilation
利用通风机产生的风压,对矿井或井巷进行通风的方法。

08.032 自然通风 natural ventilation
利用自然风压对矿井或井巷进行通风的方法。

08.033 局部通风 local ventilation
利用局部通风机或主要通风机产生的风压对局部地点进行通风的方法。

08.034 扩散通风 diffusion ventilation
利用空气中分子的自然扩散运动,对局部地点进行通风的方式。

08.035 分区通风 parallel ventilation, separate ventilation
又称"并联通风"。井下各用风地点的回风直接进入采区回风道或总回风道的通风方式。

08.036 串联通风 series ventilation
井下用风地点的回风再次进入其它用风地点的通风方式。

08.037 压入式通风 forced ventilation
又称"正压通风"。通风机向井下或风筒输送空气的通风方法。

08.038 抽出式通风 exhaust ventilation
又称"负压通风"。通风机从井下或局部地点抽出污浊空气的通风方法。

08.039 上行通风 ascensional ventilation
风流沿采煤工作面由下向上流动的通风方式。

08.040 下行通风 descensional ventilation

风流沿采煤工作面由上向下流动的通风方式。

08.041 独立风流 separate airflow
从主要进风道分出的,经过爆炸材料库或充电室后再进入主要回风道的风流。

08.042 循环风 recirculating air
部分回风再进入同一进风中的风流。

08.043 中央式通风 centralized ventilation
进风井位于井田中央,出风井位于井田中央或边界走向中部的通风方式。

08.044 对角式通风 radial ventilation
进风井位于井田中央,出风井在两翼,或者出风井位于井田中央,进风井在两翼的通风方式。

08.045 混合式通风 compound ventilation
井田中央和两翼边界均有进、出风井的通风方式。

08.046 串联网络 series network
多条风路依次连接起来的网络。

08.047 并联网络 parallel network
两条或两条以上的风路,从某一点分开又在另一点汇合的网络。

08.048 角联网络 diagonal network
有一条或多条风路把两条并联风路连通的网络。

08.049 通风网络图 ventilation network
map
用通风路线表示矿井或采区内各巷道连接关系的示意图。

08.050 通风系统图 ventilation map
表示矿井通风网络,通风设备、设施,风流方向和风量等参数的图件。

08.051 主要通风机 main fan
安装在地面的,向全矿井、一翼或一个分区

供风的通风机。

08.052 局部通风机 auxiliary fan
向井下局部地点供风的通风机。

08.053 辅助通风机 booster fan
某分区通风阻力过大、主要通风机不能供给足够风量时,为了增加风量而在该分区使用的通风机。

08.054 水力引射器 water jet fan
用压力水射流为动力,把风送到用风地点的装置。

08.055 通风机效率 fan efficiency
通风机输出功率与输入功率之比。

08.056 通风机特性曲线 fan characteristic
curve
通风机风压、功率、效率与风量关系的曲线。

08.057 通风机工况点 fan operating point
通风机个体特性曲线与矿井或管道的风阻特性曲线在同一坐标图上的交点。

08.058 通风机全压输出功率 fan total air
power, total output power of fan
用通风机的全压与风量计算的功率。

08.059 通风机静压输出功率 fan static air
power, static output power of fan
用通风机的静压与风量计算的功率。

08.060 通风机全压效率 fan total efficiency
通风机全压输出功率与输入功率之比。

08.061 通风机静压效率 fan static efficien-
cy
通风机静压输出功率与输入功率之比。

08.062 通风机附属装置 accesssory equip-
ment of fan
通风机配套使用的扩散器、防爆门、反风装置和风硐等装置的总称。

08.063 风硐 fan drift
主要通风机和风井之间的专用风道。

08.064 扩散器 fan diffuser
与通风机出口相连的、断面逐渐扩大的风道。

08.065 防爆门 breakaway explosion door
安装在出风井口、以防甲烷、煤尘爆炸毁坏通风机的安全设施。

08.066 反风道 air-reversing way
连接通风机与风硐的专用风道,用于实现风流倒转。

08.067 风量调节 air regulation
为了满足采掘工作面和硐室所需风量,对矿井总风量或局部风量进行的调配。

08.068 矿井有效风量 effective air quantity
送到采掘工作面、硐室和其它用风地点的风量总和。

08.069 漏风 air leakage
从与生产无关的通路中漏失的风流。

08.070 矿井外部漏风 surface leakage
从装有主要通风机的井口及其附属装置处漏失的风流。

08.071 矿井内部漏风 underground leakage
未经采掘工作面、硐室和其它用风地点,直接漏入回风的无效风流。

08.072 矿井内部漏风率 underground leakage rate
矿井内部漏风量占矿井总进风量的百分率。

08.073 矿井外部漏风率 surface leakage rate
矿井外部漏风量占通风机风量的百分率。

08.074 矿井有效风量率 ventilation efficiency
矿井有效风量占矿井总进风量的百分率。

08.075 风桥 air crossing
设在进、回风交叉处而又使进、回风互不混合的设施。

08.076 风门 air door
在需要通过人员和车辆的巷道中设置的隔断风流的门。

08.077 反风 air reversing
为防止灾害扩大和抢救人员的需要而采取的迅速倒转风流方向的措施。

08.078 反风风门 door for air reversing
与正常风门开启方向相反的风门。

08.079 风窗 air regulator
又称"调节风门"。安装在风门或其它通风设施上可调节风量的窗口。

08.080 风墙 air stopping
又称"密闭"。为截断风流而在巷道中设置的隔墙。

08.081 风障 air brattice
在矿井巷道或工作面内引导风流的设施。

08.082 风筒 air duct
引导风流沿着一定方向流动的管道。

08.083 测风站 air measuring station
用以测量通过风量的、表面光滑、断面规整的一段平直巷道。

08.084 风表校正曲线 calibration curve of anemometer
表示风表的读数与真实风速关系的曲线。

08.085 检定管 detector tube
装有指示剂的细玻璃管,被测气体通过后,根据指示剂变色程度或长度,确定其浓度。

08.086 粉尘采样器 dust sampler
在含尘空气中采取粉尘试样的便携式器具。

08.087 甲烷报警器 methane alarm

当空气中甲烷浓度达到一定值时,能发出声、光信号的仪器。

08.088 瓦斯测定器 gas detector
利用光干涉、热催化、热导等原理在煤矿中测定瓦斯浓度的便携式仪器。

08.089 甲烷遥测仪 remote methane monitor
远距离集中测定井下各测点风流中甲烷浓度的仪器。

08.090 甲烷断电仪 methane-monitor breaker
井下甲烷浓度超限时,能自动切断受控设备

电源的仪器。

08.091 风电闭锁装置 fan-stoppage breaker
当工作面局部通风机停止运转时,能立即自动切断该供风巷道中一切电源的安全装置。

08.092 风电甲烷闭锁装置 fan-stoppage methane-monitor breaker
当掘进工作面的局部通风机停止运转或巷道内甲烷浓度超限时,能立即自动切断该供风巷道中一切电源的安全装置。

08.093 电化学式瓦斯测定器 electrochemical type gas detector
用电化学原理制作的瓦斯浓度测定仪器。

08.02 瓦   斯

08.094 瓦斯 gas, firedamp
在煤炭界,习惯上指煤层气或矿井瓦斯。

08.095 矿井瓦斯 mine gas
矿井中主要由煤层气构成的以甲烷为主的有害气体。

08.096 煤层瓦斯含量 gas content in coal seam
在自然条件下,单位质量或体积的煤体中所含的瓦斯量。

08.097 瓦斯容量 gas capacity of coal
在一定条件下,单位质量煤样中能容纳的最大瓦斯量。

08.098 瓦斯储量 gas reserves
矿井井田范围内煤层和岩层中含有的瓦斯总量。

08.099 残存瓦斯 residual gas
经过一段时间的瓦斯释放后,煤块或煤体中残留的瓦斯。

08.100 煤层瓦斯压力 coalbed gas pressure
瓦斯在煤层中所呈现的压力(压强)。

08.101 吸附等温线 adsorption isothermal
在恒温条件下,单位质量煤样的瓦斯吸附量随瓦斯压力(压强)变化的曲线。

08.102 吸附等压线 adsorption isobar
在恒压条件下,单位质量煤样的瓦斯吸附量随温度变化的曲线。

08.103 瓦斯涌出 gas emission
由受采动影响的煤层、岩层,以及由采落的煤、矸石向井下空间均匀地放出瓦斯的现象。

08.104 矿井瓦斯涌出量 [underground] mine gas emission rate
涌入矿井风流中的瓦斯总量。

08.105 绝对瓦斯涌出量 absolute gas emission rate
单位时间内涌出的瓦斯量。

08.106 相对瓦斯涌出量 relative gas emission rate
平均每产1t煤所涌出的瓦斯量。

08.107 瓦斯矿井等级 classification of

gaseous mine

根据矿井的相对瓦斯涌出量和涌出形式划分的矿井等级。

08.108 瓦斯等量线 gas emission isovol

在矿图上,瓦斯含量或瓦斯涌出量相等点的连线。

08.109 高瓦斯矿井 gassy mine

相对瓦斯涌出量大于 $10m^3$ 的矿井。

08.110 低瓦斯矿井 low gaseous mine

相对瓦斯涌出量不大于 $10m^3$ 的矿井。

08.111 [煤(岩)与瓦斯]突出 [coal (rock) and gas] outburst

在地应力和瓦斯的共同作用下,破碎的煤、岩和瓦斯由煤体或岩体内突然向采掘空间抛出的异常的动力现象。

08.112 煤(岩)与瓦斯突出矿井 coal (rock) and gas outburst mine

经鉴定,在采掘过程中发生过煤(岩)与瓦斯突出的矿井。

08.113 瓦斯爆炸 gas explosion

瓦斯和空气混合后,在一定条件下,遇高温热源发生的热-链式氧化反应,并伴有高温及压力(压强)上升的现象。

08.114 瓦斯爆炸界限 gas explosion limits

瓦斯和空气混合后,能发生爆炸的浓度范围。

08.115 瓦斯层 firedamp layer

瓦斯在工作面和巷道顶部形成的层状聚积。

08.116 瓦斯风化带 gas weathered zone

由于风化作用,煤层相对甲烷涌出量小于 $2m^3/t$,或煤层瓦斯组分中,甲烷体积小于 80% 的地带。

08.117 瓦斯梯度 gas gradient

在瓦斯风化带以下,深度每增加一单位时,

相对甲烷涌出量增加的量。

08.118 瓦斯预测图 gas emission forecast map

按瓦斯涌出量或含量随深度变化规律编制的矿井深部未开采地区的瓦斯等量线图。

08.119 瓦斯喷出 gas blower, gas blow out

简称"喷出"。从煤体或岩体裂隙中大量瓦斯异常涌出的现象。

08.120 突出强度 intensity of outburst

一次突出抛出的煤岩量或(和)喷出的瓦斯量。用以衡量突出规模的大小。

08.121 震动爆破 shock blasting

又称"震动放炮"。在石门揭穿突出危险煤层或在突出危险煤层中采掘时,用增加炮眼数量,加大装药量等措施诱导煤和瓦斯突出的特殊爆破作业。

08.122 水力冲孔 hydraulic flushing in hole

在具有自喷能力的煤层中打钻孔,利用钻头切割和压力水冲刷煤体,激发喷孔,排出碎煤和瓦斯,释放突出潜能以减少和消除突出危险性的措施。

08.123 保护层 protective seam

为消除或削弱相邻煤层的突出或冲击地压危险而先开采的煤层或矿层。

08.124 被保护层 protected seam

开采保护层后,受到采动影响而消除或削弱了突出或冲击地压危险的相邻煤层。

08.125 瓦斯抽放 gas drainage

采用专用设施,把煤层、岩层及采空区中瓦斯抽出的技术措施。

08.126 瓦斯抽放率 gas drainage efficiency

抽出瓦斯量占矿井排出瓦斯总量(包括抽出量和通风排出量)的百分率。

08.127 煤层透气性 gas permeability of coal

seam

在一定条件下,瓦斯在煤层中流动的难易程度。可由"透气性系数(coefficient of permeability)"衡量。透气性系数与渗透率成正比。

08.128 渗透率 permeability, infiltration rate

在规定的条件下,流体穿过孔隙介质的流速。

08.129 达西定律 Darcy's law

流体流过孔隙介质时,其流速与流动方向上的压力梯度成正比。

08.130 达西 Darcy

孔隙介质渗透率的非法定计量单位。原定义为:具有1厘泊粘度的流体在每厘米1个大气压的压力梯度下,流经每平方厘米孔隙介质断面的流量为1立方厘米每秒时,则该介质的渗透率为一个达西(D)。千分之一达西称为1毫达(mD)。与法定计量单位(m)的换算关系为:$1mD = 0.9869 \times 10^{-9} m^2$。

08.03 粉 尘

08.131 粉尘 dust

固体物质细微颗粒的总称。

08.132 矿尘 mine dust

矿井生产过程中产生的粉尘。

08.133 煤尘 coal dust

细微颗粒的煤炭粉尘。

08.134 岩尘 rock dust

细微颗粒的岩石粉尘。

08.135 浮尘 airborne dust

悬浮在矿井空气中的粉尘。

08.136 落尘 settled dust

矿井内,因自重而降落、沉积在巷道顶、帮、底板和物体上的粉尘。

08.137 呼吸性粉尘 respirable dust

能被吸入人体肺泡区的浮尘。

08.138 粉尘粒度分布 dust size distribution

又称"粉尘分散度"。在含尘空气中,各种不同粒径粉尘的质量或颗粒数占粉尘总质量或总颗粒数的百分数。

08.139 游离二氧化硅 free silica

岩石或矿物中没有同金属或金属氧化物结

合的二氧化硅。

08.140 隔爆 explosion suppression

阻止爆炸传播的技术。

08.141 粉尘浓度 dust concentration

单位体积空气中含有粉尘的质量或颗粒数。

08.142 煤尘爆炸 coal dust explosion

悬浮在空气中的煤尘,在一定条件下,遇高温热源而发生的剧烈氧化反应,并伴有高温和压力上升的现象。

08.143 煤尘爆炸危险煤层 coal seam liable to dust explosion

经煤尘爆炸性试验鉴定证明其煤尘有爆炸性的煤层。

08.144 尘肺病 pneumoconiosis

由于长期吸入大量细微粉尘而引起的以肺组织纤维化为主的职业病。

08.145 硅肺病 silicosis

曾称"矽肺病"。由于长期吸入大量含结晶型游离二氧化硅的岩尘所引起的尘肺病。

08.146 煤肺病 anthracosis

由于长期吸入煤尘所引起的尘肺病。

08.147 煤硅肺病 anthraco-silicosis
曾称"煤矽肺病"。由于长期吸入煤尘及含游离二氧化硅的岩尘所引起的尘肺病。

08.148 煤矿防尘 dust suppression in mine
降低煤矿内粉尘浓度及防止煤尘爆炸的技术。

08.149 煤层注水 coal seam water infusion
通过钻孔,将压力水或水溶液注入煤层,用以改变煤体的物理力学性质,减少粉尘产生,防治冲击地压,突出及自燃的技术。

08.150 水幕 water curtain
为净化空气在巷道中用喷嘴喷出的水雾构成的屏障,用以降尘或隔爆的措施。

08.151 水棚 barrier with water
为隔爆在巷道中安装的水槽或水袋。

08.152 岩粉 rock dust
专门生产的、用于防止爆炸及其传播的惰性粉末。

08.153 岩粉棚 rock dust barrier
为隔爆在巷道中安设的装载岩粉的设施。

08.154 自动隔爆装置 triggered barrier
探测到爆炸信号后,能自动地、及时地喷出消焰物质,抑制爆炸或阻止其传播的装置。

08.155 防尘口罩 dust mask
防止或减少空气中粉尘进入人体呼吸器官的个人保护器具。

08.04 矿 山 灾 害

08.156 矿井火灾 mine fire
发生在矿井内的,或虽发生在井口附近、煤层露头上但有可能威胁井下安全的火灾。

08.157 外因火灾 exogenous fire
由外部火源引起的火灾

08.158 内因火灾 spontaneous fire
又称"自燃火灾"。由于煤炭或其它易燃物自身氧化积热,发生燃烧引起的火灾。

08.159 煤的自燃倾向性 coal spontaneous combustion tendency
煤在常温下具有氧化能力的内在属性。

08.160 自然发火煤层 coal seam prone to spontaneous combustion
矿井中曾发生过自燃火灾或有可能自燃的煤层。

08.161 自然发火期 spontaneous combustion period
在一定条件下,煤炭从接触空气到自燃所需时间。

08.162 火灾气体 fire gases
发生火灾时所产生的[有害]气体与空气的混合物。

08.163 火区 sealed fire area
井下发生火灾后被封闭的区域。

08.164 火风压 fire-heating air pressure
井下发生火灾时,高温烟流流经有标高差的井巷所产生的附加风压。

08.165 均压防灭火 pressure balance for air control
降低采空区和已采区两侧的风压差,减少漏风,以达到预防和消灭火灾的措施。

08.166 防火门 fire-proof door
井下防止火灾蔓延和控制风流的安全设施。

08.167 防火墙 fire stopping
为封闭火区而砌筑的隔墙。

08.168 阻化剂 retarder
阻止煤炭氧化自燃的化学药剂。

08.169 阻燃 fire retardation

可燃材料被外加火源点燃时燃烧速度很慢，离开火源后即自行熄灭的现象。

08.170 阻燃剂 flame-retardant agent, fire resistant agent

使可燃材料具有阻燃性能的化学添加剂。

08.171 灌浆 grouting

用输浆设备将泥浆送到防火或灭火地点的作业。

08.172 洒浆 mortar spraying

通过管道向采空区喷洒泥浆的作业。

08.173 调压室 pressure balance chamber

在防火墙外再作一防火墙，调节两道防火墙间的空气压力(压强)，以平衡火区内外的气压差，减少漏风的设施。

08.174 溃浆 burst of mortar

井下灌浆地点存留的泥浆突然泄出的事故。

08.175 惰性气体防灭火 inert gas for fire extinguishing

使用低氧、不燃烧、不助燃的混合气体防止或扑灭井下火灾的作业。

08.176 矿山救护队 mine rescue team

矿山发生灾害时，能迅速赶赴现场抢救人员处理灾害的救护组织。

08.177 呼吸器 respirator

救护人员在有害气体环境中工作时佩戴的供氧呼吸保护器。

08.178 苏生器 resuscitator

对中毒或窒息的伤员自动进行输氧或人工呼吸的急救器具。

08.179 自救器 self-rescuer

发生灾害时，为防止有毒气体对人身的侵害，供个人佩戴逃生用的呼吸保护器。

08.180 避难硐室 refuge chamber

当灾害发生，人员无法撤出时，为防止有毒、有害气体的侵袭而设立的避难场所。

08.181 自然发火预测 prediction of spontaneous combustion

利用煤炭自燃的预兆(温度，一氧化碳等)预测预报自燃的发生地点和发展趋势的措施。

08.182 淹井 mine flooding

由于矿井突水或其它原因，涌水量大于排水能力，在较短时间内把坑道或整个矿井淹没的现象。

08.183 矿井突水 water bursting in mine

大量地下水突然集中涌入井巷的现象。

08.184 突水系数 water bursting coefficient

开采中的煤层与含水层之间的隔水层承受的最大静水压力(压强)与其厚度的比值。

08.185 矿井防治水 mine water management, prevention of mine water

为防止和治理地表水和地下水流入矿井、巷道、采区危害采矿工作所采取的措施。

08.186 防水闸门 water door

在井下可能受水害威胁地段，为预防地下水突然涌入其它巷道而专门设置的截水闸门。

08.187 防水墙 water [proof] dam, bulkhead

在井下受水害威胁的巷道内，为防止地下水突然涌入其它巷道而设置的截流墙。

08.188 矿井堵水 water-blocking in mine, sealing off mine water

用各种方法和材料堵塞井下突水点或充水通道的作业。

08.189 注浆堵水 grouting for water-blocking, grout off

把浆液压入井下突水或可能突水的地点，以拦截水源、减少或消除矿井涌水量的措施。

09．煤炭加工利用

09.01 选　　煤

09.001 毛煤 run-of-mine, ROM, r.o.m. coal

煤矿生产出来未经任何加工处理的煤。

09.002 原煤 raw coal

从毛煤中选出规定粒度的矸石(包括黄铁矿等杂物)以后的煤。

09.003 原料煤 feed coal

供给选煤厂或选煤设备以便加工处理的煤。

09.004 夹矸煤 locked middlings, false middlings

煤和矸石的连生体。一般可用破碎的方法使之分离。

09.005 选煤厂 coal preparation plant, washery

曾称"洗煤厂"。对煤进行分选,生产不同质量、规格产品的加工厂。

09.006 筛选厂 sizing plant

对毛煤进行拣矸[及其它杂物]、筛分,生产不同粒级煤的加工厂。

09.007 [选煤]工艺原则流程图 basic flow-sheet of coal preparation

按原料煤加工顺序,表明工艺过程中各作业间相互联系的示意图。

09.008 [选煤]工艺流程图 process flow-sheet of coal preparation

曾称"工艺系统图"。表明原料煤、产品、中间产物以及辅助物料(水、药剂、加重质等)的数量、产率和质量指标的工艺原则流程图。

09.009 [选煤]设备流程图 equipment

flowsheet of coal preparation

曾称"机械联系图"。用图示符号表明工艺过程所使用的设备和设施及其相互联系的系统图。

09.010 粒度 size

颗粒的大小。

09.011 入料上限 top size

最大的给料粒度。

09.012 入料下限 lower size

最小的给料粒度。

09.013 分选粒级 size range of separation

进入分选作业的原料煤的最大到最小粒度范围。

09.014 可选性 washability, preparability

曾称"可洗性"。通过分选改善煤炭质量的难易程度。

09.015 浮沉试验 float-and-sink analysis, float-and-sink test

将煤样用不同密度的重液分成不同的密度级,并测定各级产物的产率和质量的试验。

09.016 浮物 floats

曾称"浮煤"。浮沉试验中,在某一密度的重液或重悬浮液中上浮的产物。

09.017 沉物 sinks

浮沉试验中,在某一密度的重液或重悬浮液中下沉的产物。

09.018 密度级 densimetric fraction, density fraction

曾称"比重级"。为表征物料的密度组成,人为划定的密度范围。

09.019 密度组成 densimetric consist, density consist

曾称"浮沉组成"、"比重组成"。各密度级产物的质量分布。

09.020 可选性曲线 washability curves

又称"H-R 曲线";曾称"可洗性曲线"。根据浮沉试验结果绘制的,用以表示煤的可选性的一组曲线。包括灰分特性曲线(λ),浮物曲线(β),沉物曲线(θ),密度曲线(δ),分选密度±0.1曲线(ε)。

09.021 灰分特性曲线 characteristic ash curve, elementary ash curve

曾称"观察曲线"、"基元灰分曲线"。表示煤中浮物(或沉物)产率与其分界灰分关系的曲线。代表符号 λ。

09.022 浮物[累计]曲线 cumulative float curve, cumulative ash-float curve

曾称"浮煤曲线"。表示煤中浮物累计产率与其平均灰分关系的曲线。代表符号 β。

09.023 沉物[累计]曲线 cumulative sink curve, cumulative ash-sink curve

曾称"沉煤曲线"。表示煤中沉物累计产率与其平均灰分关系的曲线。代表符号 θ。

09.024 密度曲线 densimetric curve, yield-densimetric curve

曾称"比重曲线"。表示煤中浮物(或沉物)累计产率与相应密度关系的曲线。代表符号 δ。

09.025 分选密度±0.1曲线 near-density curve, difficulty curve

又称"邻近密度曲线";曾称"比重±0.1曲线"。表示不同分选密度时,邻近密度物含量与该密度的关系曲线。代表符号 ε±0.1。

09.026 邻近密度物 near-density mate-rial, near-gravity material

位于分选密度两侧范围(通常是 0.1g/cm³)内的物料。

09.027 迈尔曲线 Mayer curve, M-curve

又称"M 曲线";曾称"迈耶尔曲线"、"矢量可选性曲线"。用矢量图解法绘制的、表示煤炭可选性的一种曲线,矢量的投影代表产品的产率,矢量的方向代表某一成分的含量。

09.028 可选性等级 class of washability

为评定煤炭可选性而人为划分的等级。

09.029 分级 classification, sizing

(1)泛指:将物料分成若干粒级的作业。
(2)专指:在介质(水或空气)中,依物料沉降速度的差别分成若干粒级的作业。按所用介质分,有"水力分级(hydraulic classification)"和"风力分级(air classification)"两种。

09.030 等沉粒 equal falling particles, equal settling particles

又称"等降粒"。沉降末速相同的颗粒。

09.031 等沉比 equal falling ratio, equal settling ratio

又称"等降比"。等沉粒中最大颗粒与最小颗粒粒度之比值。

09.032 自由沉降 free falling, free settling

曾称"自由下沉"。单个颗粒在无限空间介质中的沉降。

09.033 沉降末速 terminal velocity, settling final velocity

在自由沉降中的颗粒,当重力或离心力与介质运动阻力相等时,与介质之间的相对运动速度。代表符号 v_0。

09.034 干扰沉降 hindered falling, hindered settling

又称"干涉沉降"。颗粒在有限空间介质中

的沉降。

09.035 筛分 screening
根据物料通过和不通过筛孔,将物料按粒度分成不同粒级的作业。按是否借助水的冲洗作用分,有"湿法筛分(wet screening)"和"干法筛分(dry screening)"两种。

09.036 准备筛分 preliminary screening
又称"预先筛分";曾称"分级筛分"、"选前筛分"。按下一工序要求将原料煤分成不同粒级的筛分作业。

09.037 检查筛分 control screening
曾称"控制筛分"。从产物(例如破碎产物)中分出粒度不合格产物的筛分。

09.038 最终筛分 final screening
曾称"独立筛分"。生产出粒级商品煤的筛分。

09.039 等厚筛分 screening with constant bed thickness, banana screening
筛面上的物料层厚度,从入料端到排料端近似不变的筛分。

09.040 概率筛分 probability screening
应用颗粒通过筛孔的概率原理的一种筛分方法,此法允许用较大的筛孔筛分较小颗粒。

09.041 筛面 screen deck, screen surface
实现筛分作业、具有筛孔的工作表面。

09.042 筛孔 screen aperture
筛面上具有一定规格的孔。按孔形可分为圆孔、方孔、长孔和条缝孔等几种。

09.043 筛序 sieve scale
依次减小的筛孔大小序列。

09.044 筛比 sieve ratio
在给定筛序中,两个相邻筛面的筛孔尺寸之比。

09.045 筛子额定面积 screen nominal area
承受物料流的筛面总面积。

09.046 筛分效率 screening efficiency
筛下物中筛下粒的回收率与筛上粒的混杂率之差。代表符号 η_k。

09.047 开孔率 percentage of open area
曾称"筛网有效面积"、"活面积"。筛孔总面积与筛面面积之比(%)。

09.048 网目 mesh
以单位长度或单位面积内包含的筛孔数表示筛孔大小的一种计量标准。

09.049 标准筛 sieve, test sieve
曾称"套筛"。筛面按标准网目制作、用于粒度小于 0.5mm 物料筛分的套筛。

09.050 筛分试验 size analysis, screen analysis
为了解煤的粒度组成和各粒级产物的特性而进行的筛分和测定。

09.051 粒度组成 size composition
曾称"筛分组成"、"筛分特性"、"粒度特性"。各粒级物料的质量分布。

09.052 粒度特性曲线 characteristic size curve, size distribution curve
曾称"筛分曲线"、"筛分特性曲线"。表示各粒级物料产率与各粒级关系的曲线。

09.053 难筛粒 near-mesh particle, near-sized particle
曾称"难粒"。粒度接近筛孔尺寸的颗粒,通常指在筛孔尺寸的 ±25% 范围内的颗粒。

09.054 易筛粒 screenable particle
物料粒度小于筛孔 75% 的颗粒。

09.055 粒级 size fraction, size range
曾称"级别"。一定粒度的范围。

09.056 粒级上限 upper size

给定粒级中最大的粒度。

09.057 粒级下限 lower size
给定粒级中最小的粒度。

09.058 筛上粒 oversize
物料中大于额定筛孔尺寸的颗粒。

09.059 筛下粒 undersize
物料中小于额定筛孔尺寸的颗粒。

09.060 筛上物 screen overflow
又称"筛上产品"。未透过筛孔的物料。

09.061 筛下物 screen underflow
又称"筛下产品"。透过筛孔的物料。

09.062 自然级 size fraction of raw coal
未经破碎的原料煤的筛分粒级。

09.063 破碎级 size fraction of crushed coal
块煤经破碎后的筛分粒级。

09.064 破碎 breaking, crushing
借外力作用,使物料碎裂的作业。

09.065 准备破碎 auxiliary breaking, pre-
liminary breaking
曾称"预先破碎"、"选前破碎"。按下一作业
要求,将煤破碎到要求粒度的作业。

09.066 最终破碎 finished breaking, fin-
ished crushing
将选后产物破碎到商品煤要求粒度的作业。

09.067 破碎比 reduction ratio
破碎机入料粒度上限与出料粒度上限之比。

09.068 破碎效率 crushing efficiency
破碎产品中已破碎的(扣除入料中原有的小
于要求破碎粒度的)物料与入料中待破碎的
(大于要求破碎粒度的)物料的质量比率。
代表符号 η_P。

09.069 超粒 oversize
又称"过大粒"。破碎产物中大于要求粒度
的颗粒。

09.070 过粉碎 over crushing, over break-
ing
破碎过程中产生大量小于要求粒度的颗粒
的现象。

09.071 磨碎 grinding, pulverizing
以研磨作用为主,使物料粒度减小的作业。

09.072 解离 liberation of intergrown con-
stituent
借破碎或磨碎作用,使共生的成分单体分离
的现象。

09.073 可碎性 crushability
在标准条件下使试样粉碎的相对难易程度。

09.074 可磨性 grindability
在标准条件下使试样磨碎的相对难易程度。

09.075 选择性破碎 selective crushing
利用煤与矸石(或其它成分)的可碎性的差
异,使它们受到不同程度破碎的破碎方式。

09.076 重力选煤 gravity concentration,
gravity separation
简称"重选"。在重力场中,以矿物密度差别
为主要依据的选煤方法。

09.077 跳汰选煤 jigging
曾称"淘汰选煤"。在垂直脉动为主的介质
中实现分选的重力选煤方法。按分选介质
分为"风力跳汰选煤(pneumatic jigging)"和
"水力跳汰选煤(hydraulic jigging)"。

09.078 重介质选煤 dense-medium separa-
tion
简称"重介选"。在密度大于水的介质中实
现分选的重力选煤方法。

09.079 流槽选煤 coal laundering,
trough washing
简称"槽选";曾称"溜洗槽选煤"。在流槽

中,借水流的冲力和流槽的摩擦力,利用密度、粒度和形状的差异实现分选的重力选煤方法。

09.080 斜槽选煤 inclined-trough washing
在封闭的倾斜槽体内,利用逆向上冲水流实现分选的重力选煤方法。

09.081 摇床选煤 table cleaning
曾称"淘汰盘选煤"。利用机械往复差动运动和水流冲洗等的联合作用,实现分选的重力选煤方法。

09.082 风力选煤 pneumatic cleaning
简称"风选"。利用空气作分选介质的重力选煤方法。

09.083 离心选煤 centrifugal cleaning
利用密度差别,在离心力场中实现分选的选煤方法。

09.084 磁选 magnetic separation
利用矿物磁性的差别来实现矿物分选的方法。

09.085 摩擦选煤 friction cleaning
利用煤和杂质沿倾斜面运动时摩擦系数的差别,实现分选的选煤方法。

09.086 手选 hand cleaning, hand picking
利用煤和杂质在颜色、光泽、外形及密度上的差别,用人工对大块矸石进行分选的选煤方法。

09.087 主选 primary cleaning
曾称"主洗"。对入选原煤进行分选的作业。

09.088 再选 recleaning, rewashing
曾称"再洗"。(1)泛指:对不合要求的产物再次进行分选的作业。
(2)特指:对主选的中间产品进行分选的作业。

09.089 回选 recirculation cleaning
曾称"回洗"。回到本设备或本系统继续分选的作业。

09.090 浮游选煤 coal flotation
简称"浮选"。利用煤和矿物表面润湿性的差别,在浮选剂的作用下,煤粉(0.5mm以下)附着于煤浆中的气泡上形成矿化泡沫上浮,矸石粒下沉从而实现分选的方法。

09.091 配煤入选 preparation of blended raw coals
又称"均[质]化入选"。将不同特性的原料煤按比例混匀进行分选的方式。

09.092 分组入选 preparation of grouped raw coals
按原料煤的牌号或可选性分组进行分选的方式。

09.093 不分级入选 preparation of unsized raw coal
又称"混合入选"。原料煤不经分级直接进行分选的方式。

09.094 分级入选 preparation of sized raw coal
将入选原料煤分成若干粒级分别进行分选的方式。

09.095 脱泥入选 preparation of deslimed raw coal
原料煤经脱泥后进行分选的方式。

09.096 分选介质 separating medium
在分选过程中,借以实现分选的流体物质。

09.097 冲水 flushing water, transport water
与原料煤一同给入分选设备中,主要起输送和润湿作用的水,或用来帮助物料在溜槽内流动所加的水。

09.098 顶水 underscreen water, backwater
从跳汰机筛板下或槽选机排料箱给入,主要

起分选作用的水。

09.099 润湿水 wetting water
为润湿较干的入选原煤而喷洒的水。

09.100 定压水 head water
压力一定的静压水。

09.101 跳汰周期 jigging cycle
曾称"跳汰循环"。跳汰机中介质流上下脉动一次所经历的时间,它是跳汰频率的倒数。

09.102 跳汰周期特性曲线 characteristic curve of jigging cycle
曾称"跳汰水流特性曲线"。在一个跳汰周期内,跳汰室内脉动水流的速度变化曲线。

09.103 跳汰频率 jig frequency
分选介质每分钟的脉动次数。

09.104 跳汰振幅 jig amplitude
分选介质在跳汰室内脉动一次的最高和最低位置差。

09.105 跳汰床层 jig bed
跳汰机筛板承托的全部物料层。

09.106 人工床层 artificial bed, feldspar bed
在跳汰机筛板上铺设的具有一定密度和粒度的物料层。

09.107 床层松散度 porosity of jig bed
床层中悬浮体内分选介质所占的体积百分数。

09.108 透筛排料 discharge of heavy material through screen plate
曾称"透筛排矸"、"筛下排矸"。透过跳汰机筛板排出重产物的方式。

09.109 正排矸 dirt discharge at discharge end, discharge-end refuse discharge
曾称"顺排矸"。矸石层移动方向与煤流方

向相同的排矸方式。

09.110 倒排矸 dirt discharge at feed end, feed-end refuse discharge
曾称"逆排矸"。矸石层移动方向与煤流方向相反的排矸方式。

09.111 跳汰面积 jigging area, jig area
跳汰机承托床层的筛板面积。

09.112 跳汰分段 jig compartment
用排料箱沿煤流方向分隔开的独立区段。

09.113 跳汰分室 jig cell
跳汰分段中,独立调节风、水的单独区间。

09.114 风阀 air valve
控制压缩空气交替进入和排出跳汰机的装置。

09.115 重介质 dense medium, heavy medium
密度大于 1g/cm³ 的介质,包括重悬浮液和重液。

09.116 [重]悬浮液 suspension
曾称"悬浊液"、"矿物悬浮"。高密度的固体微粒与水配制成悬浮状态的两相流体。

09.117 加重质 medium solid
曾称"加重剂"、"重质物"。配制重悬浮液的高密度固体微粒。

09.118 重液 dense liquid
用高密度的有机液体或无机盐类配制的溶液。

09.119 悬浮液稳定性 stability of suspension
悬浮液维持其各部位密度均一的性能,其值通常用加重质沉降速度的倒数表示。

09.120 介质净化 dense-medium purification, cleaning of dense-medium
排除循环悬浮液中多余的煤泥和其它杂物

的作业。

09.121　接触角　contact angle
曾称"润湿接触角"。在固、液、气三相接触达到平衡时，三相接触周边的任一点上，液气界面切线与固体表面间形成的并包含液体的夹角。

09.122　疏水性矿物　hydrophobic mineral
曾称"憎水性矿物"。表面不容易被水润湿的矿物，即接触角大的矿物。

09.123　亲水性矿物　hydrophilic mineral
表面容易被水润湿的矿物，即接触角小的矿物。

09.124　矿化泡沫　mineralized froth
表面附着煤粉的气泡聚合体。

09.125　可浮性　flotability
通过浮选提高煤泥质量的难易程度。

09.126　浮选剂　flotation agent
为实现或促进浮选过程所使用的药剂。

09.127　捕收剂　collecting agent, promoter, collector
曾称"捕集剂"。提高煤粒表面疏水性，使其易于向气泡附着的浮选剂。

09.128　起泡剂　frothing agent, frother
促进产生气泡，维持泡沫稳定性的浮选剂。

09.129　调整剂　modifying agent, regulator
曾称"调节剂"、"调和剂"。调整煤浆及煤粒表面的性质，提高某种浮选剂的效能或消除杂质有害作用的浮选剂。

09.130　抑制剂　depressant, depressor
曾称"压制剂"。降低某种矿粒表面的疏水性，使它们不容易浮起的浮选剂。

09.131　活化剂　activating agent, activator
曾称"活性剂"。改变被抑制矿粒表面疏水性的浮选剂。

09.132　药剂制度　regime of agent, regulation of agent
曾称"药方"。浮选过程中使用的浮选剂种类、用量、加药地点和加药方式等的总称。

09.133　直接浮选　direct flotation
煤泥水不经浓缩直接进行浮选的一种方式。

09.134　浓缩浮选　thickening flotation
曾称"间接浮选"。煤泥水先经浓缩再进行浮选的方式。

09.135　浮选试验　flotation test
为确定煤泥的可浮性及浮选的最佳条件而进行的试验。

09.136　单元浮选试验　batch flotation test
在试验室中用单槽浮选机进行的浮选试验。

09.137　浮选煤浆　pulp
曾称"矿浆"。具有一定浓度和粒度作为浮选原料的煤泥水。

09.138　脱水　dewatering
依靠重力或机械力降低物料水分的作业。

09.139　过滤　filtration
利用过滤介质两侧的压力(压强)差，使水与固体颗粒分离的作业。

09.140　压滤　pressure filtration
在过滤介质一侧施加正压力(压强)来实现过滤的作业。

09.141　过滤介质　filter media
过滤时用来阻留固体颗粒、渗透液体的多孔隙固体物质。

09.142　离心强度　centrifugal intensity
曾称"离心系数"、"离心因素"、"分离因素"。在离心力场中，物料所受离心力与重力的比值。

09.143　干燥　drying
利用热力蒸发作用降低物料水分的作业。

09.144 蒸发强度 evaporation capacity
曾称"干燥强度"。干燥设备单位容积在单位时间内蒸发的水量。

09.145 煤泥 slime
(1)泛指:湿的煤粉。
(2)特指:湿法选煤产生的粒度在0.5mm以下的副产品。

09.146 原生煤泥 primary slime
由原料煤中所含煤粉形成的煤泥。

09.147 次生煤泥 secondary slime
在选煤过程中,煤炭因粉碎和泥化所产生的煤泥。

09.148 泥化 degradation in water
矸石或煤浸水后碎散成细泥的现象。

09.149 煤泥水 black water, slime water
煤泥与水混合而成的流体。

09.150 脱泥 desliming
用湿法从煤中除去煤泥的作业。

09.151 浓缩 thickening
借重力或离心力作用提高煤泥水浓度的作业。

09.152 澄清 clarification
从煤泥水中排除固体,以获得固体含量很少的水的作业。

09.153 洗水闭路循环 closed water circuit
曾称"煤泥水闭路循环"。煤泥水经过充分浓缩、澄清后,煤泥在厂内回收,澄清水全部循环使用的煤泥水流程。

09.154 底流 underflow
经分级、浓缩或分选等作业获得的粗颗粒、高浓度或高密度的产物。

09.155 溢流 overflow
经分级、浓缩或分选等作业获得的细颗粒、低浓度或低密度的产物,以及由各种液体容器中溢出的流体。

09.156 凝聚剂 coagulating agent, coagulant
可使液体中分散的细粒固体形成凝聚体的无机盐类。

09.157 絮凝剂 flocculant, flocculating agent
可使液体中分散的细粒固体形成絮凝物的高分子聚合物。

09.158 角锥[沉淀]池 spitzkasten
曾称"角锥浓缩池"。上部为方形,下部为倒角锥形的浓缩、分级设备。

09.159 [斗子]捞坑 dredging sump, smudge tank
由脱水斗式提升机和倒锥台形池子组成的脱水、分级设备。

09.160 沉淀塔 settling tower
直径较大(通常在12m左右)的倒圆锥形的浓缩、澄清设备。

09.161 煤泥沉淀池 slurry pond, settling pond
曾称"厂外沉淀池"。通过重力沉淀作用从煤泥水中回收固体并获得澄清水的设施。

09.162 精煤 cleaned coal, clean coal
曾称"洗精煤"、"洗精粉"。泛指经过分选获得的高质量产品。

09.163 中煤 middlings
经过分选获得的灰分介于精煤与矸石之间的产品。

09.164 尾煤 tailings, flotation tailings
煤泥经分选后排出的高灰分产品。

09.165 产率 yield
曾称"回收率"、"出率"、"出量"。(1)产品量占原料量的百分率;

(2)某一成分的量占总量的百分率。代表符号 γ。

09.166 分配率 partition coefficient, distribution coefficient

曾称"分配指标"。产品或产物中某一成分（密度级或粒度级）的量占原料中该成分量的百分率。

09.167 正配物 correctly-placed material

分选或分级时，进入各产品或产物中规定成分的物料。

09.168 错配物 misplaced material

曾称"误入物"。分选或分级时，混入各产品或产物中非规定成分的物料。

09.169 回收率 recovery

曾称"实收率"、"抽出率"、"采收率"。产品中正配物的分配率。代表符号 ε。

09.170 混杂率 miscellany rate

曾称"混入率"。产品中错配物的分配率。

09.171 分配曲线 partition curve, distribution curve

不同成分（密度级或粒度级）在某一产品或产物中的分配率的图示，是表示分离效果的特性曲线。

09.172 当量直径 equivalent diameter

与颗粒体积相等的圆球直径。

09.173 理论分级粒度 theoretical separation size

曾称"截留粒度"。按理论计算在分级设备中沉降的最小固体颗粒的当量直径。

09.174 规定粒度 designated size

在筛分作业中所要求的原料分离粒度。

09.175 分离粒度 partition size

又称"分配粒度"。粒度分配曲线上相当于分配率为 50% 的粒度。

09.176 等误粒度 equal errors size

分级作业中两种产品或产物中错配物相等时的分级粒度。

09.177 通过粒度 through size

以溢流中 95% 的颗粒能通过的标准筛筛孔尺寸表示的粒度。

09.178 限下率 undersize fraction

筛上物中小于规定粒度部分的质量百分率。

09.179 限上率 oversize fraction

筛下物中大于规定粒度部分的质量百分率。

09.180 [水力]分级效率 classification efficiency, sizing efficiency

溢流产品中细粒（小于规定粒度的物料）的回收率与粗粒（大于规定粒度的物料）的混杂率之差。

09.181 理论产率 theoretical yield

按给定的产品灰分，从浮物或沉物曲线上查得的该产品的产率。

09.182 理论灰分 theoretical ash

按给定的产品产率，从浮物或沉物曲线上查得的该产品的相应灰分。

09.183 基元灰分 elementary ash

煤在某一密度或产率点的灰分。

09.184 分界灰分 cut-point ash

又称"边界灰分"。两种产品分界线上的基元灰分，即浮物的最高灰分和沉物的最低灰分。

09.185 理论分选密度 theoretical separation density

曾称"理论分选比重"。按某一产品的给定灰分（或给定产率）从密度曲线上查得的相应分选密度。

09.186 等灰密度 equal ash density

曾称"等灰比重"。按分选过程获得的实际

产物灰分,从密度曲线上查得的相应分选密度。

09.187 当量密度 equal yield density
曾称"当量比重"。按分选过程获得的实际产物产率,从密度曲线上查得的相应分选密度。

09.188 分离密度 partition density, Tromp cut-point
又称"分配密度";曾称"分配比重"。密度分配曲线上相当于分配率为 50% 的密度。

09.189 等误密度 equal errors density
曾称"等值比重"、"比较比重"、"等误比重"。在分选作业中,两种产品中错配物相等时的分选密度。

09.190 可能偏差 écart probable moyen, épm
曾称"分离精确度"。分配曲线上相应分配

率为 75% 和 25% 的密度(或粒度)值之差的一半。代表符号 E。

09.191 不完善度 imperfection
曾称"机械误差"、"不完整度"。可能偏差除以分配密度与分选介质密度的差值所得之商。代表符号 I。

09.192 数量效率 recovery efficiency
曾称"选煤效率"、"洗选效率"。精煤实际产率与相应于精煤实际灰分的精煤理论产率的百分比。代表符号 η_1。

09.193 污染指标 contamination index
曾称"污染系数"。在选后产品中,错配物与正配物的质量分布。

09.194 分选下限 lower limit of separation
曾称"洗选下限"、"选别深度"、"有效分选下限"。选煤机械有效分选作用所能达到的最小粒度。

09.02 水 煤 浆

09.195 水煤浆 coal water mixture, CWM, coal water slurry, CWS, coal water fuel, CWF
用一定粒度的煤与水混合成的稳定的高浓度浆状燃料。可泵送、雾化。

09.196 油煤浆 coal oil mixture, COM
用一定粒度的煤与油混合成的稳定的高浓度浆状燃料。可泵送、雾化。

09.197 超净化水煤浆 ultra-clean coal

water fuel
用微细的超低灰分的煤调制成可作为内燃机燃料用的水煤浆。

09.198 煤炭成浆性 coal slurryability
煤炭加工成水煤浆或油煤浆的难易程度。

09.199 水煤浆稳定剂 coal water mixture stabilizing agent, coal water mixture stabilizer
防止水煤浆中煤粒沉淀的药剂。

09.03 粉 煤 成 型

09.200 [粉煤]成型 briquetting
将煤粉加工成型煤的作业。

09.201 冷压成型 cold briquetting
在型煤配合料温度低于 100℃ 的条件下成

型的工艺。

09.202 热压成型 hot briquetting
将型煤配合料高速加热到大量形成胶质体的温度下成型的工艺。

09.203 冲压成型 impact briquetting

利用垂直于受压平面的冲压力,使封闭模筒或成型沟槽中的型煤配合料成型的工艺。

09.204 环压成型 ring-type press briquetting

利用近似垂直于受压平面的连续滚压力,使成型环中的型煤配合料成型的工艺。

09.205 对辊成型 roller press briquetting

利用多向的成型压力,使对辊上部两圆弧相交区中的型煤配合料成型的工艺。

09.206 螺旋挤压成型 screw extruding briquetting

在半封闭的圆筒中,利用螺旋杆旋转所产生的推挤和摩擦的多向力使筒内型煤配合料成型的工艺。

09.207 型煤固结 briquette induration

使粘结剂固化,增强型煤内聚力和耐水性能,以提高型煤强度的工艺。

09.208 [型煤]配合料 briquette blend

由粉煤、粘结剂和(或)添加剂按比例混合成性能符合成型要求的物料。

09.209 钙硫比 calcium sulfur ratio

单位质量的型煤配合料中,钙系固硫剂有效钙的摩尔数与煤中全硫的摩尔数之比。

09.210 型煤粘结剂 briquette binder

增强型煤配合料颗粒间的粘结力,提高型煤强度的物质。有固态型煤粘结剂和液态(包括悬浮液)型煤粘结剂两种。主要含有机物、无机物、高分子化合物及工业废弃物等。

09.211 粘结剂改性 binder modification

又称"粘结剂活化"。为提高型煤粘结剂的活性,增强其粘结力所进行的物理、化学预处理作业。

09.212 型煤固硫剂 sulfur capture agent for briquette

在型煤燃烧和干馏过程中能与煤中的硫反应生成固态硫酸盐,以减轻对大气污染的物质。

09.213 固硫添加剂 additive for sulfur capture

在型煤燃烧和干馏过程中能对生成硫酸盐起催化作用,并阻碍其分解的物质。

09.214 型煤清洁燃烧剂 additive for clean burning of briquette

为减少型煤燃烧时排放的烟尘、苯并芘和氮氧化物等污染成分而添加的物质。

09.215 型煤改性添加剂 modifying agent for briquette

为改善型煤的各种物理化学性能(如反应活性、耐水性、热稳定性等)而添加到型煤配合料中的物质。

09.216 成型率 ratio of briquetting

在规定时间内,脱模后的完整型煤个数与成型机上的模窝个数之比(%);或完整的生型煤总质量与加入成型机的型煤配合料总质量之比(%)。

09.217 成型特性曲线 characteristic curve of briquetting

以成型压力和成型体积压缩系数为坐标绘制的曲线。

09.218 型煤固硫率 sulfur capturing ratio of briquette

型煤燃烧生成的硫酸盐中,硫的质量与煤中全硫质量之比(%)。

09.219 型煤 briquette

又称"煤砖"。主要以机械力将型煤配合料加工成的具有一定形状、质量、大小和特定理化性能的燃料或原料。

09.220 生型煤 green briquette

未经固结、无烟化或防水处理,机械强度和

物理化学性能还未达到要求的型煤。

09.221　印盒型煤　seal box briquette
曾称"印笼型煤(Inron briquette)"。横断面为凸透镜形,纵断面为长扁圆形、状似印盒的型煤。

09.222　中凹形型煤　foveolate center briquette
改进型的印盒型煤。即在印盒型煤上下两面的中央各凹下一个窝,从而克服了大块型煤中部压不实,反应活性低及烧不透等缺点。

09.223　暖盒型煤　hot-box briquette
在型煤暖盒内能单个、低温、低速燃烧的型煤。

09.224　烧烤型煤　roast briquette
中温、中速燃烧的燃料型煤,反应活性高,不用炉具也能正常燃烧,烟气高度清洁,有普通型和火柴点燃型两种。

09.225　马赛克型煤　mosaic briquette
上视图为正方形,对角线剖面为透镜形的型煤,欧美应用最多。

09.226　蜂窝煤　honeycomb briquette
横断面中部有多个垂直通风圆孔,状似蜂窝的型煤。有无烟煤蜂窝煤和烟煤蜂窝煤等。

09.227　上点燃蜂窝煤　upper-ignition honeycomb briquette
又称"上点火蜂窝煤"。上部有点燃层或嵌入点燃饼,用火柴或少许纸张就可引燃的蜂窝煤。

09.228　型煤强度　briquette strength
在规定条件下,型煤承受各种机械作用力的性能指标。按测定条件划分,有冷强度、热强度、干强度、湿强度、抗压强度、转鼓强度和落下强度等。

09.229　点抗压强度　compressive strength for point contact
测定机加压面与球状型煤试样为点接触时,所测定的型煤抗压强度,用 N/个表示。

09.230　线抗压强度　compressive strength for line contact
测定机加压面与蜂窝煤或棒状型煤试样为线接触时,横向测定的型煤抗压强度,用 N/cm 表示。

09.231　面抗压强度　compressive strength for surface contact
测定机加压面与煤砖或蜂窝煤试样为面接触时,所测定的型煤抗压强度,用 N/cm² 表示。

09.232　落下强度　dropping strength
型煤在规定条件下跌落而受冲击力时的耐破碎性能,用规定粒度的型煤碎块质量与试样原质量的百分比表示。

09.233　转鼓强度　barrate strength
在规定条件下用转鼓测定的型煤耐磨性能,用规定粒度的型煤碎块质量与试样原质量的百分比表示。

09.234　浸水抗压强度　compressive strength after immersion
按规定条件将型煤浸水后在湿态下测定的抗压强度,用 N/个、N/cm 或 N/cm² 表示。

09.235　浸水抗压强度恢复率　recovery ratio of compressive strength after immersion
将型煤试样浸水 2 小时取出,按规定的生型煤干燥温度重新干燥后,其抗压强度与试样浸水前的抗压强度之比(%)。

09.236　耐水性　water resistance
曾称"防水性"。型煤浸水 2 小时前后的平均抗压强度之差与浸水前的平均抗压强度的百分比。

09.237　热抗压强度　hot compressive strength
型煤在规定的高温条件下测定的抗压强度，用 N/个、N/cm 或 N/cm² 表示。

09.04　煤化学及煤质分析

09.238　煤化[程]度　degree of coalification
煤化作用的深度。

09.239　煤样　coal sample
为确定某些特性，按规定方法采取的具有代表性的一部分煤。

09.240　采样　sampling
采取煤样的过程。

09.241　采样单元　sampling unit
从一批煤中采取一个总样的煤量。一批煤可以有一个或多个采样单元。

09.242　批　lot
需要进行整体性质测定的一个独立煤量。

09.243　多份采样　replicate sampling
从一个采样单元取出若干子样，依次轮流放入各容器中。每个容器中的煤样构成一份质量接近的煤样，每份煤样能代表整个采样单元的煤质。

09.244　总样　gross sample
从一个采样单元取出的全部子样合并成的煤样。

09.245　子样　increment
采样器具操作一次或截取一次煤流全断面所采取的一份煤样。

09.246　煤层煤样　coal seam sample
按规定在采掘工作面、探巷或坑道中从一个煤层采取的煤样。

09.247　可采煤样　workable seam sample
按采煤规定的厚度应采取的全部煤样，包括煤分层和夹矸层。

09.248　分层煤样　stratified seam sample
按规定从煤和夹矸的每一自然分层中分别采取的煤样。

09.249　商品煤样　sample for commercial coal
代表商品煤平均性质的煤样。

09.250　浮煤样　float sample
经一定密度的重液分选，浮在上部的煤样。

09.251　沉煤样　sink sample
经一定密度的重液分选，沉在下部的煤样。

09.252　空气干燥煤样　air-dried sample
又称"分析煤样"。经过缩制到粒度小于 0.2mm、与周围空气湿度达到平衡的煤样。

09.253　标准煤样　certified reference coal, reference coal sample
具有高度均匀性、良好稳定性和准确量值的煤样，主要用于校正测定仪器，评价分析试验方法和确定煤的特性量值。

09.254　煤样制备　coal sample preparation
使煤样达到试验所要求的状态的过程，包括煤样的破碎、筛分、混合、缩分和空气干燥。

09.255　煤样混合　coal sample mixing
按规定要求把煤样混合均匀的过程。

09.256　煤样缩分　coal sample division
按规定把一部分煤样留下来，其余部分弃掉以减少煤样数量的过程。

09.257　煤样破碎　coal sample reduction
在制样过程中，用机械或人工方法减小煤样粒度的过程。

09.258　堆锥四分法　coning and quartering
把煤样堆成一个圆锥体,再压成厚度均匀的圆饼,并分成四个相等的扇形,取其中两个相对的扇形部分作为煤样的缩制方法。

09.259　二分器　riffle
兼有混合、缩分煤样功能的工具。由一列平行而交替的、宽度均等的斜槽所组成。

09.260　煤炭品种　categories of coal
不同规格的煤炭产品。

09.261　混块煤　mixed lump coal
粒度大于 13mm 的煤。

09.262　混中块煤　mixed medium-sized coal
粒度大于 13mm 到 80mm 的煤。

09.263　混末煤　mixed slack coal
粒度大于 0mm 到 25mm 的煤。

09.264　混煤　mixed coal
粒度大于 0mm 到 50mm 的煤。

09.265　特大块煤　ultra large coal
粒度大于 100mm 的煤。

09.266　大块煤　large coal
粒度大于 50mm 的煤。

09.267　中块煤　medium-sized coal
粒度大于 25mm 到 50mm 的煤。

09.268　小块煤　small coal
粒度大于 13mm 到 25mm 的煤。

09.269　粒煤　pea coal
粒度大于 6mm 到 13mm 的煤。

09.270　末煤　slack coal
粒度大于 0mm 到 13mm 的煤。

09.271　粉煤　fine coal
粒度大于 0mm 到 6mm 的煤。

09.272　煤粉　coal fines
粒度大于 0mm 到 0.5mm 的干煤。

09.273　粒级煤　sized coal
通过分选或筛选加工生产的粒度下限在 6mm 以上的煤炭产品。

09.274　含矸率　refuse content
煤中粒度大于 50mm 矸石的质量百分数。

09.275　炼焦用煤　coal for coking
用于配煤或单煤炼焦的煤,为炼焦煤和部分非炼焦煤的统称。

09.276　炼焦煤　coking coal
能炼制成焦的单种烟煤。

09.277　非炼焦煤　non-coking coal
通常条件下,不能以单种煤炼制成焦的褐煤、烟煤和无烟煤的统称。

09.278　氧化煤　oxidized coal
经氧化,物理化学性质有改变的煤。

09.279　风化煤　weathered coal
受风化作用,出现了含氧量增高,发热量降低,和含有再生腐植酸等明显变化的煤。

09.280　国际煤层煤分类　International Classification of Coal in Seam
联合国欧洲经济委员会制定的按煤阶、煤质品位和煤岩类型对煤层煤的分类系统。

09.281　低煤阶煤　low rank coal
国际煤层煤分类中,含水无灰基高位发热量低于 24MJ/kg 的煤。

09.282　中煤阶煤　medium rank coal
国际煤层煤分类中,镜质组平均随机反射率小于 2.0%,且含水无灰基高位发热量不低于 24MJ/kg 的煤。

09.283　高煤阶煤　high rank coal
国际煤层煤分类中,镜质组平均随机反射率不小于 2.0% 的煤。

09.284 国际中煤阶煤、高煤阶煤编码系统
International Codification System for
Medium and High Rank Coals
国际上对中煤阶煤、高煤阶煤的 14 位数的编码系统。这 14 位数依次按镜质组平均随机反射率、反射率直方图、煤岩显微组分指数、坩埚膨胀序数、无水无灰基样挥发分、干基灰分、干基全硫和无水无灰基高位发热量 8 个参数来编码。

09.285 中阶褐煤 ortho-lignite
国际煤层煤分类中,含水无灰基高位发热量低于 15MJ/kg 的低煤阶煤。代表符号 LRC。

09.286 高阶褐煤 meta-lignite
国际煤层煤分类中,含水无灰基高位发热量 15MJ/kg 到低于 20MJ/kg 的低煤阶煤。代表符号 LRB。

09.287 次烟煤 subbituminous coal
国际煤层煤分类中,含水无灰基高位发热量 20MJ/kg 到低于 24MJ/kg 的低煤阶煤。代表符号 LRA。

09.288 低阶烟煤 para-bituminous coal
国际煤层煤分类中,含水无灰基高位发热量不低于 24MJ/kg,且镜质组平均随机反射率小于 0.6% 的中煤阶煤。代表符号 MRD。

09.289 中阶烟煤 ortho-bituminous coal
国际煤层煤分类中,镜质组平均随机反射率 0.6% 到小于 1.0% 的中煤阶煤。代表符号 MRC。

09.290 高阶烟煤 meta-bituminous coal
国际煤层煤分类中,镜质组平均随机反射率 1.0% 到小于 1.4% 的中煤阶煤。代表符号 MRB。

09.291 超高阶烟煤 per-bituminous coal
国际煤层煤分类中,镜质组平均随机反射率 1.4% 到小于 2.0% 的中煤阶煤。代表符号 MRA。

09.292 低阶无烟煤 para-anthracite
国际煤层煤分类中,镜质组平均随机反射率 2.0% 到小于 3.0% 的高煤阶煤,代表符号 HRC。

09.293 中阶无烟煤 ortho-anthracite
国际煤层煤分类中,镜质组平均随机反射率 3.0% 到小于 4.0% 的高煤阶煤。代表符号 HRB。

09.294 高阶无烟煤 meta-anthracite
国际煤层煤分类中,镜质组平均随机反射率不小于 4.0% 的高煤阶煤。代表符号 HRA。

09.295 煤炭品位 coal grade
煤中含有杂质的程度。通常以煤中矿物质或灰分表示。

09.296 高品位煤 high grade coal
按国际煤层煤分类,干基灰分小于 10% 的煤。

09.297 中品位煤 medium grade coal
按国际煤层煤分类,干基灰分 10% 到小于 20% 的煤。

09.298 低品位煤 low grade coal
按国际煤层煤分类,干基灰分 20% 到小于 30% 的煤。

09.299 特低品位煤 very low grade coal
按国际煤层煤分类,干基灰分 30% 到小于 50% 的煤。

09.300 碳质岩 carbonaceous rock
国际煤层煤分类中,干基灰分 50% 到小于 80% 的含碳岩石。

09.301 中国煤炭分类 Chinese Coal Classification

按煤的煤化程度和工艺性能,对中国褐煤、烟煤和无烟煤进行的分类与编码。

09.302 贫煤 meager coal
变质程度高,挥发分最低的烟煤,不结焦。

09.303 贫瘦煤 meager lean coal
变质程度高,粘结性较差,挥发分低的烟煤,结焦性低于瘦煤。

09.304 瘦煤 lean coal
变质程度高的烟煤。单独炼焦时,大部分能结焦。焦炭的块度大、裂纹少,但熔融较差,耐磨强度低。

09.305 焦煤 primary coking coal
变质程度较高的烟煤。单独炼焦时,生成的胶质体热稳定性好,所得焦炭的块度大、裂纹少、强度高。

09.306 肥煤 fat coal
变质程度中等的烟煤。单独炼焦时,能生成熔融性良好的焦炭,但有较多的横裂纹,焦根部分有蜂焦。

09.307 1/3 焦煤 1/3 coking coal
介于焦煤、肥煤和气煤之间的、含中等或较高挥发分的强粘结性煤。单独炼焦时,能生成强度较高的焦炭。

09.308 气肥煤 gas-fat coal
挥发分高、粘结性强的烟煤。单独炼焦时,能产生大量的煤气和胶质体,但不能生成强度高的焦炭。

09.309 气煤 gas coal
变质程度较低,挥发分较高的烟煤。单独炼焦时,焦炭多细长、易碎,并有较多的纵裂纹。

09.310 1/2 中粘煤 1/2 medium caking coal
粘结性介于气煤和弱粘煤之间、挥发分范围较宽的烟煤。

09.311 长焰煤 long flame coal
变质程度最低、挥发分最高的烟煤。一般不结焦,燃烧时火焰长。

09.312 弱粘煤 weakly caking coal
变质程度较低、挥发分范围较宽的烟煤。粘结性介于不粘煤和 1/2 中粘煤之间。

09.313 不粘煤 non-caking coal
变质程度较低、挥发分范围较宽、无粘结性的烟煤。

09.314 芳香度 aromaticity
煤分子结构单元中芳香碳原子数与总碳原子数之比。是表征煤分子结构特征的重要参数。

09.315 煤的官能团 functional group of coal
与煤结构中芳香烃连接的化学基团。

09.316 腐植酸 humic acids
又称"总腐植酸"、"腐殖酸"。能溶于稀苛性碱和焦磷酸钠溶液的一组多种缩合的含酸性基的高分子化合物。包括"原生腐植酸(primary humic acid)"、"再生腐植酸(secondary humic acid)";"黄腐植酸(fulvic acid)"、"棕腐植酸(hymatomalenic acid)"、"黑腐植酸(pyrotomalenic acid)";"结合腐植酸(combined humic acid)"和"游离腐植酸(free humic acid)"等。

09.317 煤的元素分析 ultimate analysis of coal
碳、氢、氧、氮、硫五个项目煤质分析的总称。

09.318 煤的工业分析 proximate analysis of coal
水分、灰分、挥发分和固定碳四个项目煤质分析的总称。

09.319 全水分 total moisture
煤的外在水分和内在水分的总和。

09.320 内在水分 inherent moisture, moisture in air-dried coal

在一定条件下煤样达到空气干燥状态时所保持的水分。

09.321 外在水分 free moisture, surface moisture

在一定条件下煤样与周围空气湿度达到平衡时所失去的水分。

09.322 最高内在水分 moisture holding capacity

煤样在温度 30℃、相对湿度 96% 的条件下，达到平衡时测得的内在水分。

09.323 平衡水分 equilibrium moisture

煤在规定温度与规定相对湿度相平衡时的水分。

09.324 空气干燥煤样水分 moisture in air-dried sample

用空气干燥煤样（粒度小于 0.2mm），在规定条件下测得的水分。

09.325 灰分 ash

煤样在规定条件下完全燃烧后所得残留物。

09.326 外来灰分 extraneous ash

煤炭生产过程中混入煤中的矿物质所形成的灰分。

09.327 内在灰分 inherent ash

由原始成煤植物中的、和由成煤过程进入煤层的矿物质所形成的灰分。

09.328 挥发分 volatile matter

煤样在规定条件下隔绝空气加热，并进行水分校正后的质量损失。

09.329 焦渣特性 characteristic of char residue

煤样在测定挥发分后的残留物的粘结、结焦性状。

09.330 强膨胀熔融粘结 caking with strong-expansion and fusion

测定煤挥发分产率所得焦渣的一种性状：表面呈银白色金属光泽，明显膨胀，且焦渣高度超过 15mm。

09.331 膨胀熔融粘结 caking with medium-expansion and fusion

测定煤挥发分产率所得焦渣的一种性状：表面呈银白色金属光泽，明显膨胀，但高度不超过 15mm。

09.332 微膨胀熔融粘结 caking with slight-expansion and fusion

测定煤挥发分产率所得焦渣的一种性状：用手指压焦渣不碎，表面呈银白色金属光泽，有较小的膨胀泡。

09.333 不膨胀熔融粘结 caking with fusion without expansion

测定煤挥发分产率所得焦渣的一种性状：呈扁平饼状，表面有银白色金属光泽，煤粒界面不易分清。

09.334 不熔融粘结 caking without fusion

测定煤挥发分产率所得焦渣的一种性状：以手指用力压焦渣时能裂成小块。

09.335 弱粘结 weakly caking

测定煤挥发分产率所得焦渣的一种性状：以手指轻压焦渣时即裂成碎块。

09.336 粘着 agglutinating

测定煤挥发分产率所得焦渣的一种性状：以手指轻压焦渣时即碎成粉状。

09.337 粉状 powdery

测定煤挥发分产率所得焦渣的一种性状：全部呈粉末状，没有互相粘着的颗粒。

09.338 固定碳 fixed carbon

从测定煤样的挥发分产率所得残渣中减去灰分后的残留物。

09.339 体积挥发分 voluminal volatile matter

在规定条件下测得的单位质量煤的挥发物质的体积。

09.340 燃料比 fuel ratio
煤的固定碳和挥发分之比。

09.341 煤发热量 calorific value of coal
单位质量的煤完全燃烧时所产生的热值。

09.342 弹筒发热量 bomb calorific value
煤在规定条件下在弹筒热量计中测得的热值。

09.343 高位发热量 gross calorific value
煤的弹筒发热量减去硫和氮的校正值后的热值。

09.344 低位发热量 net calorific value
煤的高位发热量减去煤燃烧后全部水的蒸发潜热后的热值。

09.345 恒湿无灰基高位发热量 gross calorific value on moist ash-free basis
以假想含最高内在水分、无灰状态的煤为基准计算所得的高位发热量。

09.346 恒容发热量 calorific value at constant volume
煤在恒定容积下燃烧时的热值。

09.347 恒压发热量 calorific value at constant pressure
煤在恒定压力(压强,通常为一个大气压)下燃烧时的热值。

09.348 全硫 total sulfur
煤中无机硫、有机硫和元素硫的总称。

09.349 有机硫 organic sulfur
煤中与有机物结合的硫。

09.350 无机硫 inorganic sulfur
煤中矿物质的硫化物硫和硫酸盐硫的总称。

09.351 元素硫 elemental sulfur
煤中以游离状态赋存的硫。

09.352 硫化物硫 sulfide sulfur
煤中以各种金属硫化物形态存在的硫。

09.353 硫酸盐硫 sulfate sulfur
煤的矿物质中以硫酸盐形态存在的硫。

09.354 全磷 total phosphorus
煤中有机磷和无机磷的总和。

09.355 煤的热性质 thermal property of coal
煤的热传导性、导温系数和比热的总称。

09.356 煤的表面性质 surface property of coal
煤的吸附性、润湿性、接触角、表面积和润滑性、表面能等性质的总称。

09.357 粒度分析 screen analysis
又称"筛分分析"。把一个试样分成具有规定界限粒级的检验方法。

09.358 视密度 apparent density
曾称"容重"。煤单位体积的质量。

09.359 散密度 bulk density
又称"堆密度";曾称"堆比重"。在容器中单位体积散状煤的质量。

09.360 真相对密度 true relative density
曾称"真比重"。在20℃时煤(不包括煤的孔隙)的质量与同体积水的质量之比。

09.361 视相对密度 apparent relative density
曾称"视比重"、"容重"。在20℃时煤(包括煤的孔隙)的质量与同体积水的质量之比。

09.362 孔隙率 porosity
曾称"孔隙度"。煤的毛细孔体积占总体积的百分率。

09.363 苯萃取物 benzene [soluble] extract

又称"苯抽出物";曾称"褐煤蜡"。专指褐煤中能溶于苯的部分,主要成分为蜡和树脂。

09.364 抗碎强度 shatter strength

曾称"机械强度"。一定粒度的煤样在规定条件下自由落下后抗破碎的能力。

09.365 ВТИ 可磨性指数 ВТИ grindability index

专指用 ВТИ 法测定可磨性时,标准煤样与被测煤样由相同粒度研磨到同样细粒时所耗能之比。

09.366 哈氏可磨性指数 Hardgrove grind-ability index

全称"哈德格罗夫可磨性指数"。在规定条件下用哈德格罗夫可磨性测定仪测得的可磨性指数。

09.367 燃点 ignition temperature, ignition point

曾称"着火点"。煤在规定条件下加热到开始着火的温度。

09.368 透光率 transmittance

专指褐煤、长焰煤在规定条件下用硝酸与磷酸的混合液处理后所得溶液的透光百分率。

09.369 [总]酸性基 acidic groups

煤中呈酸性的含氧官能团的总称。主要为羧基和酚羟基。

09.370 煤中微量元素 trace element in coal

曾称"煤中痕量元素"。在煤中微量存在的元素。如锗、镓、铀、钍、铍、镉、铬、铜、镍、铅、钒、锌、硒等元素。

09.371 煤中有害元素 harmful element in coal

存在于煤中、对人和生态有害的元素。如砷、氟、氯、硫、镉、汞、铬、铍、铊、铅等。

09.372 煤灰成分分析 coal ash analysis

对煤灰中各种无机氧化物及盐类的分析测定。

09.373 灰熔融性 ash fusibility

曾称"灰熔点"。在规定条件下测得的随加热温度而变化的煤灰锥变形、软化、呈半球和流动的特性。

09.374 变形温度 deformation temperature, DT

曾记作 T_1。灰熔融性测定中煤灰锥体尖端(或棱)开始弯曲或变圆时的温度。

09.375 软化温度 softening temperature, ST

曾记作 T_2。灰熔融性测定中煤灰锥体弯曲至锥尖触及托板或变成球形时的温度。

09.376 半球温度 hemispherical tempera-ture, HT

灰熔融性测定中煤灰锥形变到近似半球形,即灰样高度约等于底长一半时的温度。

09.377 流动温度 flow temperature, FT

曾记作 T_3。灰熔融性测定中煤灰锥体熔化展开成高度小于 1.5mm 薄层时的温度。

09.378 灰粘度 ash viscosity

煤灰在熔融状态下流动阻力的量度。

09.379 灰碱度 ash basicity

煤灰中碱性组分(铁、钙、镁、锰等的氧化物)与酸性组分(硅、铝、钛的氧化物)之比。

09.380 灰酸度 ash acidity

煤灰中酸性组分(硅、铝、钛等的氧化物)与碱性组分(铁、钙、镁、锰等的氧化物)之比。

09.381 灰烧结强度 ash sintering strength

煤在规定条件下燃烧的过程中,灰渣的耐磨强度和抗碎强度的总称。

09.382 灰处理 ash handling

对煤在燃烧或气化过程中产生的灰渣,进行

处理的作业。

09.383 沾污 fouling
煤燃烧过程中产生的灰粒对炉壁或后系统设备的沾结和污染。

09.384 沾污指数 fouling index, fouling factor
灰碱度乘灰中 Na_2O 值。沾污指数 R_F 按小于 0.2,0.2—0.5(不含),0.5—1.0 和大于 1.0 划分成四个等级,分别代表低、中等、高和严重沾污倾向。

09.385 收到基 as received basis
曾称"应用基"。以收到状态的煤为基准。代表符号"ar"。

09.386 干[燥]基 dry basis
以假想无水状态的煤为基准。代表符号"d"。

09.387 干燥无灰基 dry ash-free basis
曾称"可燃基"。以假想无水、无灰状态的煤为基准。代表符号"daf"。

09.388 干燥无矿物质基 dry mineral-matter-free basis
曾称"有机基"。以假想无水、无矿物质状态的煤为基准。代表符号"dmmf"。

09.389 空气干燥基 air-dried basis
曾称"分析基"。以与空气湿度达到平衡状态的煤为基准。代表符号"ad"。

09.390 恒湿无灰基 moist ash-free basis
以假想含最高内在水分、无灰状态的煤为基准。代表符号"maf"。

09.391 恒湿无矿物质基 moist mineral-matter-free basis
以假想含最高内在水分、无矿物质状态的煤为基准。代表符号"m, mmf"。

09.05 煤 转 化

09.392 煤炭焦化 carbonization of coal
又称"煤炭高温干馏"。将煤炭转化为焦炭,同时获得煤焦油、煤气,并回收其他化学产品的技术。

09.393 塑性 plastic property
煤在干馏时形成的胶质体的粘稠、流动、透气等性能。

09.394 结焦性 coking property
煤经干馏结成焦炭的性能。

09.395 粘结性 caking property
煤在干馏时粘结其本身或外加惰性物质的能力。

09.396 吉泽勒流动度 Gieseler fluidity
又称"吉氏流动度";曾称"基斯勒流动度"。由吉泽勒提出的以测得的最大流动度和特征温度表征烟煤塑性的指标。

09.397 最大流动度 maximum fluidity
煤在吉泽勒流动度测定过程中的表观最大转动角速度。

09.398 最大流动度温度 temperature of maximum fluidity
煤在吉泽勒流动度测定过程中具有最大转动角速度时所对应的温度。

09.399 膨胀性 swelling property
煤在干馏时体积发生膨胀或收缩的性能。

09.400 奥-阿膨胀度 Audibert-Arnu dilatation
曾称"奥-亚膨胀度"。由奥迪贝尔和阿尼二人提出的、以膨胀度 b 和收缩度 a 等参数表征烟煤膨胀性的指标。

09.401 最大膨胀度 maximum dilatation
烟煤奥－阿膨胀度试验中膨胀杆上升的最大距离占煤笔长度的百分率。

09.402 最大收缩度 maximum contraction
烟煤奥－阿膨胀度试验中膨胀杆下降的最大距离占煤笔长度的百分率。

09.403 格－金干馏试验 Gray-King assay
曾称"葛－金干馏试验"。由格雷和金二人提出的煤低温干馏试验方法,用以测定煤热分解产物产率和焦型。

09.404 粘结指数 caking index
又称"G 指数"。以在规定条件下烟煤加热后粘结专用无烟煤的能力表征的烟煤粘结性指标。

09.405 罗加指数 Roga index
由罗加提出的,以测定烟煤受热后粘结无烟煤的粘结力表征的烟煤粘结性指标。

09.406 坩埚膨胀序数 crucible swelling number
曾称"自由膨胀指数(free swelling index)"。在规定条件下,以煤在坩埚中加热所得焦块膨胀程度的序号表征煤的膨胀性和粘结性的指标。

09.407 胶质层指数 plastometer indices
由萨波日尼科夫提出的一种表征烟煤结焦性的指标,以胶质层最大厚度 Y 值,最终收缩度 X 值等表示。

09.408 胶质层最大厚度 maximum thickness of plastic layer
烟煤胶质层指数测定中利用探针测出的胶质体上、下层面差的最大值。代表符号"Y"。

09.409 胶质层体积曲线 volume curve of plastic layer
烟煤胶质层指数测定中所记录的胶质体上部层面位置随温度变化的曲线。

09.410 最终收缩度 final contraction value, plastometric shrinkage
烟煤胶质层指数测定中温度 730℃ 时,体积曲线终点与零点线的距离。

09.411 焦块特征 characteristic of coke
烟煤胶质层指数测定中,对所得焦块特征所进行的定性描述。

09.412 半焦收缩系数 contraction coefficient of char
在规定条件下测定半焦在 500—750℃ 随温度升高而变化的体积与原体积之比。

09.413 胶质体 plastic mass
烟煤热分解过程中生成的可塑液相物,通常是受热变化后的煤粒、热解产物聚集在一起形成的气、液、固三相共存的混合物。

09.414 低温干馏 low-temperature pyrolysis
又称"低温热解"。将煤隔绝空气加热到最终温度 500—700℃ 使其热解的过程。

09.415 铝甑干馏试验 Fischer-Schräder assay
由费希尔和施拉德二人提出的煤低温干馏试验方法,用以测定焦油、半焦和热解水产率。

09.416 焦油产率 tar yield
煤低温干馏试验中,焦油质量占煤样质量的百分率。

09.417 半焦产率 char yeild
煤低温干馏试验中,半焦质量占煤样质量的百分率。

09.418 总水产率 total water yield
煤低温干馏试验中总水质量占煤样质量的百分率。

09.419 热解水产率 thermolysis water yield

煤低温干馏试验中热解水质量占煤样质量的百分率。

09.420 成焦机理 mechanism of coke formation
以煤的组成、结构变化揭示煤高温炼焦过程中形成焦炭的理论。

09.421 中间相成焦机理 mesophase mechanism of coke formation
煤干馏产生的液相经中间相转化为固相的成焦机理。

09.422 塑性成焦机理 plastic mechanism of coke formation
以煤熔融后塑性体质与量的变化阐明的成焦机理。

09.423 配煤 coal blending
各单种煤按一定比例混合的作业。

09.424 配煤添加剂 additive for coal blending
为补充配煤中的粘结组分不足或为提高焦炭强度等多种目的而加入的物料。

09.425 配煤试验 coal blending test
根据配煤原理进行的多种煤配合炼焦的试验。

09.426 200kg 焦炉炼焦试验 200kg sample coke oven test
进行单煤或配煤炼焦的一种半工业性试验。

09.427 焦炭强度预测 prediction of coke strength
用试验室煤质、煤岩等测值或参数预测单煤或配煤炼制的焦炭强度的方法。

09.428 共焦化 co-carbonization
又称"共炭化"。以改善焦炭质量为主要目的,用不同添加剂(如沥青、溶剂精炼煤等)与煤混合进行焦化的过程。

09.429 煤改质 coal modification
煤经化学处理改变其特性以满足某种工艺要求的过程。

09.430 煤预热处理 coal preheating process
(1)泛指:煤在进入主反应装置前,在特定温度下加热预处理的过程。
(2)特指:为扩大炼焦煤源、提高焦炭质量的炉外快速预热过程。

09.431 冷压[型]焦工艺 cold briquetting process
型焦用料在常温下加压成型煤,再经焦化或其他后处理制成型焦产品的制备工艺。分"有粘结剂冷压[型]焦工艺(cold briquetting process with binder)"和"无粘结剂冷压[型]焦工艺(cold briquetting process without binder)"两种。

09.432 热压[型]焦工艺 hot briquetting process
将型焦用料快速加热到其中粘结性煤的塑性温度区间,加压成型煤,再经焦化或后处理制成型焦产品的制备工艺。分"固体载热体热压[型]焦工艺(hot briquetting process with solid thermo-carrier)"和"气体载热体热压[型]焦工艺(hot briquetting process with gaseous thermo-carrier)"两种。

09.433 煤的气体析出动态 behavior of coal degasification
煤干馏过程中,随温度升高,气体产物析出的质量与成分的变化。

09.434 冶金焦 metallurgical coke
用于冶炼的焦炭。特指用于高炉炼铁的焦炭。

09.435 铸造焦 foundry coke
用于化铁炉熔铁的焦炭。

09.436 沥青焦 pitch coke

煤沥青经高温干馏或延迟焦化后所得到的固体残留物。

09.437 焦炭反应性 coke reactivity
一定块度的焦炭在规定条件下与二氧化碳等气体反应后,焦炭质量损失的百分数。

09.438 反应后强度 post-reaction strength
与二氧化碳等气体反应后的焦炭在规定的转鼓里试验后,大于 10mm 粒级焦炭占入鼓焦炭的质量百分数。

09.439 荒煤气 raw gas
煤干馏过程中析出的尚未经净化处理的气体产物。

09.440 焦炉煤气 coke-oven gas
煤高温炼焦过程中得到的气体产品。

09.441 煤焦油 coal tar
煤干馏过程中得到的黑褐色粘稠产物,按焦化温度不同所得焦油可分为高温焦油、中温焦油和低温焦油。

09.442 煤沥青 coal-tar pitch
煤焦油蒸馏后的黑色半固态或固态残留物,可分为低温沥青、中温沥青和高温沥青。

09.443 低温沥青 soft pitch
又称"软沥青"。用石化产品环球法测试,软化点低于 70℃ 的煤沥青。

09.444 中温沥青 mid-temperature pitch
用石化产品环球法测试,软化点 70—90℃ 的煤沥青。

09.445 高温沥青 hard pitch
又称"硬沥青"。用石化产品环球法测试,软化点高于 90℃ 的煤沥青。

09.446 改质沥青 modified pitch
煤焦油或普通煤沥青经深度加工所得的沥青。

09.447 蜂巢炉 beehive oven
一种圆拱形、无副产回收的炼焦炉。

09.448 副产回收焦炉 by-product coke oven
煤炼焦并回收化学产品所用的燃烧室与炭化室隔开的焦炉。

09.449 焦炉 coke oven
煤进行高温炼焦的窑炉,通常由炭化室、燃烧室和蓄热室组成。

09.450 煤炭气化 gasification of coal
在一定温度、压力条件下,用气化剂将煤中的有机物转变为煤气的过程。

09.451 煤的反应性 reactivity of coal
在规定条件下,煤与不同气体介质(如二氧化碳、氧、水蒸气)相互作用的反应能力。

09.452 煤对二氧化碳的反应性 carboxy reactivity of coal
煤将二氧化碳还原为一氧化碳的能力。

09.453 热稳定性 thermal stability
一定粒度的煤样在规定条件下受热后保持规定粒度的能力。

09.454 结渣性 clinkering property
在气化或燃烧过程中,煤灰受热软化、熔融而结渣的性质。

09.455 结渣率 clinkering rate
煤的结渣性测定中,大于 6mm 的渣块质量占灰渣总质量的百分率。

09.456 结渣率曲线 clinkering rate curve
又称"结渣性曲线"。煤的结渣率随气化强度变化的曲线。

09.457 核能煤气化 coal gasification by nuclear heat
利用核能提供热量进行煤气化的工艺过程。

09.458 气化方式 gasification mode
煤在气化炉内的状态,分为移动床,流化床,气流床及熔融床四种。

09.459 移动床气化 moving-bed gasification

曾称"固定床气化"。煤料靠重力下降与气流接触的气化过程。

09.460 流化床气化 fluidized-bed gasification

向上移动的气流使煤料在空间呈沸腾状态的气化过程。

09.461 气流床气化 entrained flow gasification

曾称"载流床气化"、"夹带床气化"。气体介质夹带煤粉并使其处于悬浮状态的气化过程。

09.462 熔融床气化 molten bath gasification

煤料与空气或氧气随同蒸汽与床层底部呈熔融态的铁、灰或盐相接触的气化过程。

09.463 气化强度 gasification intensity

气化炉单位截面积、或单位容积在单位时间内的气化煤量或产气量。

09.464 气化效率 gasification efficiency

单位质量煤生成煤气的总发热量占单位质量煤发热量的百分率。

09.465 冷煤气效率 cold gas efficiency

不计煤气显热和回收余热的气化效率。

09.466 脱挥发分 devolatilization

煤受热后脱除挥发物的过程。

09.467 碳转化率 efficiency of carbon conversion

单位质量煤生成煤气中的碳占单位质量煤中碳的百分率。

09.468 水煤气变换 water-gas shift

在催化条件下一氧化碳与水蒸气生成氢与二氧化碳的反应。

09.469 加氢气化 hydrogasification

以氢气为气化剂，由煤制取高热值煤气的过程。

09.470 催化气化 catalytic gasification

煤与气化剂在有催化剂存在条件下进行气化反应的过程。

09.471 甲烷化 methanation

由煤气中氢与一氧化碳或二氧化碳经催化反应以获得甲烷的过程。

09.472 发生炉煤气 producer gas

煤与被水蒸气饱和的空气反应生成的煤气。

09.473 水煤气 water gas

煤与水蒸气反应生成的煤气。

09.474 合成气 synthetic gas, syngas

由煤、重油或天然气生产以氢与一氧化碳为主要成分的原料气。

09.475 代用天然气 substitute natural gas, SNG

成分符合要求，可替代天然气的气体。

09.476 煤气净化 gas purification

脱除煤气中飞灰、焦油、萘、氨、硫化氢等杂质的过程。

09.477 两段气化炉 two-stage gasifier

单一反应器内，上为干馏段、下为气化段，有两个排气口的煤气化装置。

09.478 熔池气化炉 molten bath gasifier

在熔融的灰渣或金属盐浴中，煤粉与气化剂进行反应的煤气化装置。

09.479 伍－达气化炉 Woodall-Duckham retort

曾称"伍－德气化炉"。由伍德尔和达克姆二人开发的以连续生产干馏煤气为主的两段气化炉。

09.480 鲁奇气化炉 Lurgi gasifier
煤和气化剂逆流接触的一种加压移动床煤气化装置。分为"固态排渣鲁奇气化炉(dry-ash-removal Lurgi gasifier)"和"液态排渣鲁奇气化炉(slagging Lurgi gasifier)"两种。

09.481 温克勒流化床气化炉 Winkler fluidized-bed gasifier
采用常压或加压沸腾床的煤气化装置。

09.482 K-T 气化炉 Koppers-Totzek gasifier
又称"柯－托气化炉"。气－固相并流对喷的常压、高温气流床液态排渣粉煤气化装置。

09.483 韦尔曼－加卢沙气化炉 Wellman-Galusha gasifier
简称"韦－加气化炉";曾称"韦尔曼－格鲁夏气化炉"。煤与气化剂逆向流动的常压移动床煤气化装置。

09.484 灰团聚流化床气化炉 ash agglomerating fluidized-bed gasifier
利用灰熔聚排灰技术和单段流化床制取中、低热值煤气的煤气化装置。

09.485 UGI 水煤气炉 UGI water gas gasifier
美国联合煤气改进公司(United Gas Improvement Company)开发的,采用常压移动床生产水煤气的装置。

09.486 回转窑气化炉 kiln-gas gasifier
煤在回转圆筒炉内与轴向流动的气化剂反应的气化装置。

09.487 德士古气化炉 Texaco gasifier
以水煤浆为原料,氧为气化剂的加压、并流、液态排渣气流床煤气化装置。

09.488 层状燃烧 layer combustion
煤料在炉栅上呈层状分布的燃烧方式。

09.489 流化床燃烧 fluidized-bed combustion, FBC
煤料处于沸腾状态的燃烧方式。

09.490 酸性气体 sour gas, acid gas
煤转化过程中产生的硫氧化物、氮氧化物、硫化氢及二氧化碳等气体。

09.491 流化床锅炉 fluidized-bed combustion boiler
煤粒处于沸腾状态燃烧的装置。包括"常压流化床锅炉(atmospheric fluidized-bed combustion boiler)"和"加压流化床锅炉(pressurized fluidized-bed combustion boiler)"。

09.492 煤粉锅炉 pulverized coal firing boiler, pulverized coal boiler
使磨细的煤粉处于悬浮状态下燃烧的装置。

09.493 旋风炉 cyclone furnace
使磨细的煤粉处于涡流状态下燃烧的装置。

09.494 链式炉箅锅炉 chain-grate stoker
又称"链条炉排锅炉"。煤料经链条输送呈层状燃烧的装置。

09.495 下部加料锅炉 underfeed stoker
又称"下饲层燃锅炉"。由炉下部自动进煤的层状燃烧装置。

09.496 煤炭液化 coal liquefaction
煤经化学加工直接或间接转化成烃类液体产物的过程。

09.497 直接液化 direct liquefaction
煤加氢转化成烃类液体产物或低熔点固体产物的过程。

09.498 间接液化 indirect liquefaction
煤制成合成气后经催化、合成为烃类、醇类等液态产物的过程。

09.499 氢解 hydrogenolysis

煤化程度低的煤经加氢裂解生成小分子烃的化学过程。

09.500　氢传递 hydrogen shuttling, hydrogen transfer

(1)煤加氢反应时供氢溶剂产生的氢原子的传送过程。

(2)煤受热后其分子结构中氢原子位置的转移过程。

09.501　自由基反应 free radical reaction

(1)泛指：含有不成对电子的原子、分子或基团参加的反应。

(2)特指：煤转化时自由基浓度发生变化的反应。

09.502　溶剂精炼煤法 solvent refined coal process

煤与自身液化油为溶剂配制成油煤浆直接加氢的工艺。根据加氢深度不同，可制成固态产物或液态产物。

09.503　供氢溶剂法 Exxon donor solvent process, EDS

煤与预加氢的供氢溶剂进行直接反应的液化工艺。

09.504　氢煤法 H-coal process

采用加压沸腾床反应器进行煤的催化加氢的液化工艺。

09.505　COED 法 char oil energy development process, COED

主要产物为半焦、焦油和煤气的一种多段流化床的煤热解工艺。

09.506　溶剂精炼煤 solvent refined coal, SRC

由溶剂精炼煤法制得的低熔点、无灰、低硫的固态产物。

09.507　F-T 煤液化法 Fischer-Tropsch coal liquefaction process

煤制成的合成气经催化合成为以烃类为主的液体产物的间接液化工艺。

09.508　煤－油共炼法 coal oil co-process

煤与石油重质馏分经化学加工成为液体燃料的方法。

09.509　超临界抽提 supercritical extraction

用超临界流体为溶剂，从固体或液体中抽取可溶组分的传质分离过程。

09.510　非燃料利用 non-fuel use

煤经特殊处理后转化为工业原料或工业制品的利用方式。

09.511　碳质吸附剂 carbonaceous adsorbent

以煤或有机物制成的高比表面的多孔含碳物质。

09.512　碳分子筛 carbonaceous molecular sieve

以煤或有机化合物为原料加工制成的孔径为分子级的多孔含碳物质。

09.513　煤基活性炭 active carbon from coal

以煤为原料加工制成的多孔吸附物。

09.514　煤基塑料制品 plastic material from coal

以煤为原料经化学加工制得的塑料产品。

09.515　炭砖 carbon brick

以无烟煤或焦炭为原料经特殊加工得到的砖制品。

09.516　提质加工 upgrading

煤液化油经化学加工后，使其品质提高的加工过程。

09.517　褐煤蜡 montan wax

又称"蒙旦蜡"。褐煤经甲苯、苯、乙醇或汽油等有机溶剂萃取所得的蜡状物。

09.518　超净煤 ultra-clean coal

煤经物理和化学方法精制得到的超低灰、超

低硫精煤。

10. 煤矿环境保护

10.01 煤矿矿区环境

10.001 煤矿矿区环境 coal mine environment
煤炭资源开发区内以人群为中心事物的生存条件。

10.002 煤矿地质环境 geological environment of coal mine

与煤矿人群活动关系密切的那部分岩石圈、水圈和大气圈。

10.003 煤矿地下环境 underground mining environment
煤矿中必须人工维持的地下工作条件。

10.02 矿区生态破坏与恢复

10.004 矿区生态破坏 ecological deterioration of mining area
矿区人群活动导致生态结构和功能破坏,或使环境状态朝着不利于生物生存方向变化的现象。

10.005 开采损害 mining-induced environmental damage
因煤炭开采造成的对自然资源及人工建筑物或构筑物的不利作用。

10.006 矿区土地破坏 land deterioration in mining area
因煤炭开采使矿区土地状况发生重大变化,丧失或降低其经济价值的现象和过程。

10.007 矿区水资源破坏 water resources deterioration in mining area
煤炭生产活动引起矿区水体受污染,使用价值降低或丧失,或引起矿区地下水枯竭的现象。

10.008 [土地]复垦 land reclamation
对在建设与生产过程中,因挖损、塌陷、占压、污染等破坏的土地,采取整治措施,恢复

其经济价值,达到可供利用的状态,并改善周围环境所进行的综合工程。

10.009 矿区[土地]复垦 land reclamation in mining area
对矿区已破坏的土地进行的土地复垦。

10.010 塌陷区复垦 subsidence trough reclamation
对因地下开采塌陷破坏的土地进行的土地复垦。

10.011 矸石山复垦 waste heap reclamation
对露天堆置的矸石山采取工程措施和生物措施,使其恢复一定的经济价值或改善其生态环境所进行的综合工程。

10.012 生物复垦 biological reclamation
对已破坏的土地完成工程措施后,采用农业技术和改进水利等措施,提高其肥力和建立稳定植被的活动。

10.013 矿区绿化 plantation in mining area
为美化环境、防止或减轻污染而建立植被的活动。

10.03 煤矿环境污染与防治

10.014 煤矿环境污染 environmental pollution in coal mine
煤矿生产活动所引起的环境质量下降而有害于人类及其他生物正常生存和发展的现象。

10.015 矿区大气污染 air pollution in mining area
矿区大气中污染物浓度超过相应的大气质量标准达到有害程度的现象。

10.016 燃煤污染 coal burning pollution
煤炭燃烧的排放物对环境的污染。

10.017 煤烟型大气污染 air pollution due to coal combustion
燃煤排放的烟尘和硫化物等引起的污染。

10.018 烟尘 flue dust
燃料燃烧产生的一种固体颗粒气溶胶。

10.019 消烟除尘 smoke prevention and dust control
为保护环境避免空气污染而采取的减少烟尘排放的措施。

10.020 烟气脱硫 flue gas desulfurization
从煤炭燃烧或工业生产过程排放的废气中去除硫氧化物的过程。

10.021 矿区水[体]污染 mining area water pollution
矿区水体水质及底泥的物理化学性质或生物群落组成发生变化,使其使用价值和使用功能降低的现象。

10.022 选煤废水 coal preparation waste water
湿法选煤过程中产生的不再利用的水。

10.023 矿井水 mine water
矿井开采过程中,从各种来源流入矿井的水,或流经矿井排水系统的水。

10.024 高矿化度矿井水 highly-mineralized mine water
无机盐总含量大于1000mg/L的矿井水。

10.025 酸性矿井水 acid mine water
pH值小于5.5的矿井水。

10.026 露天矿坑水 surface mine water
从各种来源流入露天矿坑的水。

10.027 矿井水资源化 reclamation of mine water
使矿井水成为可利用资源的管理或工艺措施。

10.028 煤矿固体废物 coal mine solid waste
煤矿在生产过程和生活活动中产生的不再需要或暂时没有利用价值而被遗弃的固态或半固态物质。

10.029 矸石山自燃 spontaneous combustion of waste heap
堆置的煤矸石中可燃成分在自然条件下氧化发热达到燃点发生燃烧的现象。

10.030 矸石山喷爆 explosion and blower of waste heap
矸石山自燃引发爆炸,突然向周围抛出矸石的异常动力现象。

10.031 矸石山淋溶水 leaching water from waste heap
降水冲刷、淋溶或浸泡露天堆置的煤矸石后形成的水。

10.032 矸石处置 waste disposal

为安全排放煤矿产生的矸石所采取的各种技术措施。

10.033 煤矿噪声 noise in coal mine

煤矿生产所产生的干扰人们生活和工作的声音。

10.034 矿区景观破坏 visual impact in mining area

又称"矿区景观污染"。煤矿开发对某一特定的自然综合体的格局及景观特性所产生的恶性改变。

10.035 矿井热害 underground thermal pollution

矿井深部开采时因地温升高和机电设备产生的热量造成工作效率下降或有损人体健康的地下环境恶化的现象。

10.04 煤矿环境监测与评价

10.036 煤矿环境监测 mine environmental monitoring

对矿区环境质量状况和污染源进行的监视性测定。

10.037 煤矿环境影响评价 mine environmental impact assessment

在煤矿开发、建设前对其可能造成的环境影响进行的预测和分析。

10.038 矿区环境规划 mine environmental planning

对一定时期内矿区环境保护目标和措施所作出的规定,是矿区经济和发展规划的组成部分。

英 文 索 引

A

arch set　04.193

arch support　04.193

areas development　05.043

armored face conveyor　06.152

aromaticity　09.314

arrester　06.138

articulated bottom plate　06.069

artificial bed　09.106

artificial roof　05.178

ascending mining　05.059

ascensional ventilation　08.039

ash　09.325

ash acidity　09.380

ash agglomerating fluidized-bed gasi-
　fier　09.484

ash basicity　09.379

ash fusibility　09.373

ash handling　09.382

ash sintering strength　09.381

ash viscosity　09.378

asphyxiating gas　08.008

as received basis　09.385

associated electrical apparatus
　07.048

associated minerals deposits of coal-

bearing series　02.120

* atmospheric fluidized-bed combus-
　tion boiler　09.491

Audibert-Arnu dilatation　09.400

auger [miner]　06.265

autochthonous coal　02.007

auxiliary breaking　09.065

auxiliary earthed busbar　07.090

auxiliary fan　08.052

auxiliary shaft　04.017

available reserves　02.193

axial flow pump　06.276

B

backfill　05.271

backhoe [shovel]　06.260

back timber　04.197

backwater　09.098

balanced hoisting　06.178

balance rope　06.182

banana screening　09.039

banana vibrating screen　06.322

bank control　06.244

barkinite　02.071

barrate strength　09.233

barrier pillar　02.236

barrier with water　08.151

bar screen　06.313

bar timber　04.197

base　06.251

base plate　06.069

basic exploratory line　02.159

basic flowsheet of coal preparation
　09.007

basket centrifuge　06.345

Batac jig　06.328

batch control　06.244

batch flotation test　09.136

Baum jig　06.327

beam　04.198

beam nest　04.220

bed separation　05.181

beehive oven　09.447

beginning line　05.105

behavior of coal degasification
　09.433

belt conveyor　06.146

belt conveyor scale for mine　07.144

belt disalignment transducer　07.142

* belt pressure filter　06.351

belt rip transducer　07.141

belt track slip transducer　07.140

bench　05.373

bench angle　05.379

bench blasting　04.338

bench bottom burden　04.360

bench edge　05.377

bench-face driving method　04.077

bench group　05.433

bench height　05.375

bench slope　05.376

bench toe　05.378

benzene [soluble] extract　09.363

berm　05.374

bifilar mode　07.185

bifurcation of coal seam　02.100

binder modification　09.211

biological reclamation　10.012

bit　06.027，06.068

bit load　04.121

[bit] shank　06.113

bit speed　06.033

bituminous coal　01.007

black powder　04.256

black water　09.149

* Blair multi-rope winding　06.174

blast hole　04.297

blast hole utilization factor　04.351

blasting　04.329

blasting cone　04.330

blasting fuse　04.289

blasting loading　05.115

blasting machine　04.294

blasting muckpile　04.361

blast-winning technology　05.111

blind heading　04.079

blind shaft　05.064

block　05.421

blocking capacitor　07.053

* bobbin winding　06.174

boghead coal　02.034

bolt　04.227

bolted flameproof cable coupling device
　for mine　07.019

bolting and shotcreting　04.231

bolting and shotcreting with wire mesh
　04.233

bolting with wire mesh　04.232

C

center sample recovery 02.309
centralized ventilation 08.043
central station 07.119
centrifugal cleaning 09.083
centrifugal intensity 09.142
centrifugal pump 06.275
centrifuge 06.344
centring under point 03.021
centring under roof station 03.021
certified reference coal 09.253
chain excavator 06.263
chain-grate stoker 09.494
chain haulage 06.050
chainless haulage 06.051
* chain-track type chainless haulage
  06.051
chamber 05.126
chamber blasting 04.345
chamber mining 05.127
* chamber pressure filter 06.351
channel effect 04.277
characteristic ash curve 09.021
characteristic curve of briquetting
  09.217
characteristic curve of jigging cycle
  09.102
characteristic of char residue 09.329
characteristic of coke 09.411
characteristic size curve 09.052
charge 04.316
charge density 04.325
charge quantity 04.326
char oil energy development process
  09.505
char yeild 09.417
Chinese Coal Classification 09.301
chock-shield [support] 06.228
chock [support] 06.224
chute 05.066
circle sliding 05.466
circular arch 04.206
circular set 04.195
circular support 04.195
C-J detonation pressure 04.266

clarain 02.041
clarification 09.152
clarite 02.078
classification 09.029
classification efficiency 09.180
classification of gaseous mine 08.107
classification of reserves 02.183
class of washability 09.028
clean coal 09.162
clean coal technology 01.049
cleaned coal 09.162
cleaning 05.450
cleaning berm 05.383
cleaning of dense-medium 09.120
clearance 07.066
clearance volume 06.300
clear section 04.084
cleat in coal 02.051
climatic condition in mine 08.007
climbing 06.057
climbing tram-rail 04.156
clinkering property 09.454
clinkering rate 09.455
clinkering rate curve 09.456
* closed-bottom pan 06.157
closed-circuit water supply 05.300
closed level 05.357
closed water circuit 09.153
close-type winning sequence 05.307
closure of freezing wall 04.097
coagulant 09.156
coagulating agent 09.156
coal 01.005
[coal (rock) and gas] outburst
  08.111
coal (rock) and gas outburst mine
  08.112
coal accumulating area 02.125
coal accumulation process 02.123
coal ash analysis 09.372
coal auxiliary decision-making system
  07.192
coal ball 02.103
coal basin 02.136

coal-bearing coefficient 02.132
coal-bearing cycle 02.117
coal-bearing density 02.133
coal-bearing property 02.131
coal-bearing series 02.111
coalbed 02.092
coalbed gas 02.122
coalbed gas geology 02.213
coalbed gas pressure 08.100
coalbed methane 02.122
coal blending 09.423
coal blending test 09.425
coal breaking 05.110
coal burning pollution 10.016
coal chemistry 01.046
coal cleaning 01.045
coal conversion 01.047
coal corer 02.314
coal core recovery percentage
  02.315
coal core sample 02.175
coal coring tool 02.314
coal cutter 06.002
coal cutting 05.110
coal decision support system 07.192
coal depositional model 02.110
coal diagenesis 02.015
coal district 02.127
coal drift 04.047
coal drilling 02.291
coal dust 08.133
coal dust explosion 08.142
coal electrical prospecting 02.245
coal environmental control 01.042
coal equivalent 01.050
coal exploration 01.022
coal exploration type 02.164
coal extraction 01.026
coal face 05.094
coal face supervision 07.118
coal face survey 03.025
coal-face winning aggregate 06.013
coal facies 02.102
coal feeder 05.325

coalfield   01.012

coalfield prediction   02.143

coal fines   09.272

coal flotation   09.090

coal for coking   09.275

coal-forming material   02.003

coal-forming period   02.124

coal-forming process   02.004

coal gas   02.121

coal gasification by nuclear heat
    09.457

coal geology   01.021

coal geophysical exploration   02.242

coal geophysical prospecting   02.242

coal getting   01.026

coal getting machinery   06.001

coal grade   09.295

coal gravity prospecting   02.243

coalification   02.014

coalification jump   02.024

coal information processing system
    07.191

coal information retrieval system
    07.193

coal laundering   09.079

coal level meter   07.135

coal liquefaction   09.496

coal loader   06.115

coal logging   02.264

coal magnetic prospecting   02.244

coal management information system
    07.190

coal measures   02.111

coal metamorphism   02.016

coal mine   01.016

coal mine engineering exploration
    02.210

coal mine environment   10.001

coal mine geological map   02.217

coal mine machinery   01.035

coal mine solid waste   10.028

coal mining   01.025,   01.027

coal mining geology   02.202

coal mining method   05.093

coal mining under buildings, railways
    and water-bodies   05.274

coal mining under buildings   05.275

coal mining under railways   05.276

coal mining under water-bodies
    05.277

coal modification   09.429

coal oil co-process   09.508

coal oil mixture   09.196

coal petrology   01.020

coal pillar   05.092

coal preheating process   09.430

coal preparation   01.045

coal preparation plant   09.005

coal preparation waste water   10.022

coal-preserving structure   02.142

coal processing   01.043

coal prospecting   01.022,   02.145

coal province   02.126

coal rank   02.023

coal reserves   02.180

coal resources   02.179

coal-rich center   02.135

coal-rich zone   02.134

coal-rock drift   04.048

coal-rock interface transducer
    07.138

coal/rock reinforcement   05.230

coal sample   09.239

coal sample division   09.256

coal sample for gas test   02.177

coal sample for size test and float-and-
    sink analysis   02.176

coal sample mixing   09.255

coal sample preparation   09.254

coal sample reduction   09.257

coal science   01.001

coal seam   02.092

coal seam floor contour map   02.200

coal seam group   02.109

coal seam liable to dust explosion
    08.143

coal-seam productive capacity

05.032

coal seam prone to spontaneous com-
    bustion   08.160

coal seam sample   09.246

coal-seams correlation   02.174

coal-seams correlation section
    02.199

coal seam water infusion   08.149

* coal seam with complex texture
    02.096

* coal seam with simple texture
    02.096

coal seismic prospecting   02.257

coal slurry   05.309

coal slurryability   09.198

coal slurry preparation room   05.322

coal slurry pump   05.324

coal slurry sump   05.323

coal spontaneous combustion tendency
    08.159

coal tar   09.441

coal-tar pitch   09.442

coal technology   01.002

coal topographic-geological map
    02.195

coal utilization   01.044

coal water cross-cut   05.316

coal water fuel   09.195

coal water mixture   09.195

coal water mixture stabilizer   09.199

coal water mixture stabilizing agent
    09.199

coal water ratio   05.320

coal water slurry   09.195

coal winning   01.026

coal winning machine   06.005

coal winning machinery   06.001

coal winning method   05.093

coal winning technology   05.095

co-carbonization   09.428

COED   09.505

coefficient of winding resistance of
    mine   06.221

coefficient of abrasiveness   06.037

coefficient of frictional resistance 08.027

* coefficient of permeability 08.127

coefficient of shock resistance 08.028

coefficitnt of decoupling charge 04.322

coke oven 09.449

coke-oven gas 09.440·

coke reactivity 09.437

coking coal 09.276

1/3 coking coal 09.307

coking property 09.394

cold briquetting 09.201

cold briquetting process 09.431

* cold briquetting process with binder 09.431

* cold briquetting process without binder 09.431

cold gas efficiency 09.465

collapsed coal basin 02.138

collecting agent 09.127

collecting-arm 06.120

collecting-arm loader 06.119

collector 09.127

colliery 01.016

collinite 02.057

column charge 04.320, * 04.321

columned pneumatic flotation machine 06.342

COM 09.196

combinational cut 04.306

combination burn cut 04.306

combined development 05.042

* combined humic acid 09.316

combined mining technology 05.414

combined supporting 04.226

commercial coal 01.051

communication beyond mining area 07.148

communication cable for mine 07.179

communication for conveyor line 07.166

comparatively regular coal seam 02.171

complex structure 02.167

composite cut 04.307

composite shaft lining 04.217

composite support 04.186

composite timber 04.186

* composit explosive 04.239

compound ventilation 08.045

comprehensive utilization of coal 01.044

compressed-air caisson method 04.134

compressible support 04.187

compression ratio 06.301

compressive strength after immersion 09.234

compressive strength for line contact 09.230

compressive strength for point contact 09.229

compressive strength for surface contact 09.231

concealed coalfield 02.130

concentrated charge 04.319

concentrating table 06.338

concentration coefficient of holes 04.308

concrete diaphragm wall method 04.138

* concrete headframe 06.184

concrete support 04.184

conduit entry 07.069

conformity certificate of protection [of electrical apparatus for explosive atmospheres] 07.082

* conical pick 06.027

coning and quartering 09.258

connection point [for shaft orientation] 03.007

connection survey 03.004

connection survey for shaft orientation 03.009

connection triangle method 03.011

consolidation of shaft wall 04.127

construction survey for drop shaft sinking 03.035

construction survey for grouting sinking 03.036

construction survey for shaft boring 03.034

construction survey for shaft drilling 03.034

construction survey for shaft sinking 03.031

construction survey for shaft sinking by freezing method 03.033

contact angle 09.121

contact metamorphism of coal 02.019

contaminated air 08.006

contamination index 09.193

contiguous seams 05.016

continuous excavator 06.258

continuous miner 06.008

continuous mining technology 05.412

contour hole 04.299

contraction coefficient of char 09.412

contrary efflux 05.452

controlled blasting 04.343

control screening 09.037

control survey of mining area 03.002

conventionally-mechanized coal winning face unit 06.011

conventionally-mechanized coal winning technology 05.112

conventional ploughing 06.077

conventional shaft sinking method 04.069

conveying 06.125

conveying belt 06.148

conveyor 06.145

conveyor bridge 06.267

conveyor coal blocking transducer 07.143

conveyor-mounted shearer 06.009

D

drawing sequence   05.140
draw shaft   05.065
draw-well   04.033
dredging sump   09.159
Drew Boy separator   06.332
drier   06.352
drift   04.043
drift-boring machine   06.086
drift development   05.041
drill carriage   06.108
drillhole   02.294
drilling   02.298
drilling and blasting method   04.070
drilling equipment   02.293
drilling fluid   02.311
 * drilling foam fluid   02.311
drilling machine   06.098
 * drilling mud fluid   02.311
drilling pressure   04.121
 * drilling water fluid   02.311
drill jumbo   06.108
drill loader   06.088
drill rod   06.110
 * drill sumping   06.059
drivage ratio   05.091
drive end unit   06.156
drive head unit   06.155
drive unit   06.154

driving machinery   06.082
 * drop-bottom [mine] car   06.132
dropping cut slice   05.418
dropping strength   09.232
drop shaft sinking method   04.130
drop shaft sinking method by multiple
  caisson   04.135
drop shaft sinking method with mud
  filled behind the caisson   04.133
 * drop-side [mine] car   06.132
drowned pump   06.281
drum   06.149
 * drum dryer   06.352
 * drum winder   06.172
drum winding   06.174
dry ash-free basis   09.387
 * dry-ash-removal Lurgi gasifier
  09.480
dry basis   09.386
 * dry coal preparation   01.045
dryer   06.352
drying   09.143
dry mineral-matter-free basis
  09.388
dry mixed method   04.235
 * dry screening   09.035
dry shotcreting method   04.235

3-D seismic method   02.260
DT   09.374
dual-speed ploughing   06.079
dull coal   02.048
dump   05.370
dumping   05.445
dumping plough   06.268
dump mud-rock flow   05.473
dump slide   05.472
 * dump[ing mine] car   06.132
durain   02.042
durite   02.079
dust   08.131
dust concentration   08.141
dust mask   08.155
dust sampler   08.086
dust size distribution   08.138
dust suppression in mine   08.148
 * dynamic antiskiding factor
  06.206
dynamic current limit   07.044
dynamic load coefficient   05.224
dynamic metamorphism of coal
  02.021
dynamic plough   06.062
dynamic test of pressure   07.040
dynamischer Hobel(德)   06.062

E

earthed busbar   07.089
earthing device   07.088
earthing resistance of general earthed
  system   07.092
earth leakage protection   07.099
earth leakage search/lockout   07.101
easer hole   04.300
easy access   05.390
écart probable moyen   09.190
ecological deterioration of mining area
  10.004
economic hoisting capacity   06.217
economic hoisting speed   06.216

economic stripping ratio   05.366
economic winding capacity   06.217
economic winding speed   06.216
EDM traverse   03.019
EDS   09.503
effective air quantity   08.068
efficiency of borehole   04.351
efficiency of carbon conversion
  09.467
efficiency of hole blasting   04.352
efficiency of underground gasification
  05.342
electrical apparatus for explosive atmo-

spheres   07.027
electrical energy consumption of pum-
  ping   07.022
electrical energy consumption of venti-
  lation   07.023
electrical energy consumption per
  tonne of raw coal   07.020
electrical haulage   06.049
electrical logging   02.265
electrical prospecting apparatus
  02.284
electrical sounding   02.250
electric blasting circuit   04.293

electric coal drill　06.104

electric detonator　04.281

electric energy cost per tonne of raw coal　07.021

* electric hammer drill　06.106

* electric linkage　05.334

electric rock drill　06.105

electrochemical type gas detector 08.093

electro-hydraulic control　06.245

electrostatic accident　07.107

electrostatic conductor　07.105

electrostatic hazard　07.108

electrostatic non-conductor　07.106

* electrostatic sensitivity　04.268

* electrostatic-spark sensitivity 04.268

elemental sulfur　09.351

elementary ash　09.183

elementary ash curve　09.021

elevation angle　06.189

elevation transfer survey　03.016

ellipse support　04.196

emergency braking　06.208

emergency call　07.157

emergency ladder　04.148

emergency through broadcasting 07.162

emulsion [explosive]　04.251

emulsion power pack　06.253

enameled trough　06.129

encapsulated electrical apparatus 07.061

end hole　04.303

endless-rope haulage　06.166

end load　06.212

end slope　05.360

engineering geology in shafting and drifting　02.212

enrichment center of coal　02.135

enrichment zone of coal　02.134

entrained flow gasification　09.461

entry　04.044,　05.063

* entry protection coal-pillar 05.092

environmental pollution in coal mine 10.014

environmental protection in coal mining　01.042

epigenetic washout　02.108

épm　09.190

equal ash density　09.186

equal errors density　09.189

equal errors size　09.176

equal falling particles　09.030

equal falling ratio　09.031

equal settling particles　09.030

equal settling ratio　09.031

* equal-weight tail rope　06.182

equal yield density　09.187

equilibrium moisture　09.323

equipment flowsheet of coal preparation　09.009

equipment on/off transducer 07.139

equivalent diameter　09.172

equivalent mass　06.213

equivalent orifice　08.029

erosional coal basin　02.137

escape way　04.051

evaporation capacity　09.144

excavated section　04.085

excavation factor　05.430

excavator　06.256

exchange station　05.444

exhaust ventilation　08.038

exinite　02.067

exodetrinite　02.073

exogenous fire　08.157

exploder　04.294

exploration area　02.155

exploration engineering　02.156

exploration means　02.153

exploration stage　02.154

exploratory grid　02.160

exploratory line　02.157

explored reserves　02.190

explosion　04.259

explosion and blower of waste heap 10.030

explosion pressure　04.265

explosion suppression　08.140

explosive　04.239

explosive atmosphere　07.081

explosive factor　04.327

explosive limit of methane　07.076

explosive material　04.238

explosive mixture　07.080

[explosive] power　04.267

explosives　04.238

[explosive] strength　04.267

exposed coalfield　02.128

extensible belt conveyor　06.147

extensible canopy　06.248

extensive roof collapse　05.209

external access　05.386

external dump　05.371

external spraying　06.054

external traction　06.046

extracting block coal-water rise 05.315

extracting block coal-water roadway 05.314

extracting zone　05.313

extraneous ash　09.326

extremely complex structure　02.168

extremely irregular coal seam 02.173

Exxon donor solvent process　09.503

F

flotation machine   06.339

flotation tailings   09.164

flotation test   09.135

flow rate   06.284

flow temperature   09.377

FLP transformer for use in mine
   07.016

flue dust   10.018

flue gas desulfurization   10.020

* fluid-bed dryer   06.352

fluidized-bed combustion   09.489

fluidized-bed combustion boiler
   09.491

fluidized-bed gasification   09.460

flume hydrotransport   05.317

fluorescence analysis of coal maceral
   02.089

fluorescence intensity of coal maceral
   02.090

fluorescence spectrum of coal maceral
   02.091

flushing   04.123

flushing water   09.097

fold geometrization of coal seam
   03.087

* fondation-free air compressor
   06.296

footage measurement of roadway
   03.040

foot slope   05.358

forced caving   05.200

forced ventilation   08.037

forepole   06.247

forepoling   04.225

formable period of freezing wall

   04.095

form of coal seam   02.098

fossil fuel   01.003

fouling   09.383

fouling factor   09.384

fouling index   09.384

foundry coke   09.435

foveolate center briquette   09.222

fractured roof   05.177

fractured zone   03.052

frame [support]   06.225

free face   04.353

free falling   09.032

* free humic acid   09.316

free moisture   09.321

free radical reaction   09.501

free settling   09.032

free silica   08.139

free surface   04.353

* free swelling index   09.406

free volume   07.084

freeze hole   04.092

freeze sinking method   04.087

freezing apparatus   04.091

freezing hole   04.092

freezing period   04.094

freezing pressure   04.098

freezining wall   04.093

frequency sounder   02.285

frequency sounding method   02.254

fresh air   08.005

friable roof   05.177

frictional prop   05.236

frictional resistance   08.025

friction cleaning   09.085

* friction haulage winch   06.167

friction hoisting   06.175

friction pulley   06.180

* friction sensitivity   04.268

friction winder   06.172

front   05.403

front abutment pressure   05.164

* front-discharging drive head unit
   06.155

front haulage   06.072

frother   09.128

frothing agent   09.128

FT   09.377

fuel ratio   09.340

full-face blasting   04.333

full-face excavating method   04.075

full facer   06.089

full-pillar extraction   05.283

full-seam mining   05.120

full subsidence   03.071

full support   04.189

full timber   04.189

fully-mechanized coal winning face
   unit   06.012

fully-mechanized coal winning techno-
   logy   05.113

* fulvic acid   09.316

functional group of coal   09.315

fusain   02.043

fusainization   02.011

fuse cap   04.280

fusinite   02.061

future reserves   02.189

G

gallery level   05.047

gap distance   04.274

gap of flameproof joint   07.033

gas   08.094

gas blower   08.119

gas blow out   08.119

gas capacity of coal   08.097

gas coal   09.309

gas content in coal seam   08.096

gas detector   08.088

gas drainage   08.125

gas drainage efficiency   08.126

gas emission   08.103

gas emission forecast map   08.118

gas emission isovol   08.108

gas explosion   08.113

gas explosion limits   08.114

gas-fat coal   09.308

gas from coal　02.121

gas gradient　08.117

gasification agent　05.338

gasification agent consumption 05.340

gasification agent injection capacity 05.339

gasification channel　05.331

gasification efficiency　09.464

gasification intensity　09.463

gasification mode　09.458

gasification of coal　09.450

gas permeability of coal seam 08.127

gas purification　09.476

gas reserves　08.098

gassy mine　08.109

gas weathered zone　08.116

gate　05.063

gateway　05.063

gathering-arm　06.120

gathering-arm loader　06.119

gathering main roadway　05.073

gelatification　02.010

gelatin dynamite　04.245

gelatinous explosive　04.244

gelification　02.010

general design of mining area 05.003

general earthed system　07.085

general surface layout of mining area 05.004

genetic marking of coal-bearing series 02.115

genetic type of coal　02.028

gently inclined seam　05.013

geological condition of coal mine

02.205

geological condition type of coal mine 02.206

geological environment of coal mine 10.002

geological exploration in coal mine 02.207

geological profile of exploratory line 02.198

geological radar method　02.256

geological record　02.178

geometric orientation　03.006

geometrization of ore body　03.086

geometry of ore body　03.085

Gieseler fluidity　09.396

Gleithobel(德)　06.064

Gleit-schwerthobel(德)　06.065

goaf　05.107

goaf water　02.222

gob　05.107

gob-side entry　05.264

gob-side entry driving　05.265

gob-side entry retaining　05.266

grade A reserves　02.184

grade B reserves　02.185

grade C reserves　02.186

grade D reserves　02.187

gradient of coal metamorphism 02.026

gradual sagging method　05.194

gravimeter　02.282

gravitational conveying　06.128

gravity concentration　09.076

gravity haulage　06.128

gravity separation　09.076

gravity stowing　05.142

gravity stress　05.161

Gray-King assay　09.403

green briquette　09.220

grindability　09.074

grinding　09.071

gross calorific value　09.343

gross calorific value on moist ash-free basis　09.345

gross sample　09.244

ground bus　07.089

ground clearance of machine　06.097

* ground mounted friction hoisting 06.175

ground movement　03.055

ground strap　07.089

group call　07.159

group of an electrical apparatus for explosive atmospheres　07.072

grout cover　04.115

grouting　04.101,　08.171

grouting behind shaft or drift lining 04.106

grouting for water-blocking　08.189

grouting hole　04.102

grouting in separated-bed　05.285

grouting pad　04.115

grouting pressure　04.117

grouting sinking method　04.103

grout off　08.189

guide　04.163

guide rope　04.150

guiding ramp　06.070

gunite　04.229

guniting　04.229

gyroscopic azimuth　03.015

gyroscopic orientation survey 03.012

gyrostatic orientation survey　03.012

H

hammer drill　06.106

hand cleaning　09.086

hand picking　09.086

hanger　04.164

hangfire　04.357

hanging cage　04.175

hanging pump　06.280

hanging scaffold　04.145

hard coal　01.008

Hardgrove grindability index　09.366

hard pitch　09.445

hard stratum　05.175

harmful element in coal   09.371

harmful gas   08.001

harmonic extraction   05.282

haulage berm   05.381

haulage chain   06.052

haulage gateway   05.108

haulage pull   06.043

haulage speed   06.044

hazardous area   07.079

H-coal process   09.504

headentry   05.108

headframe   06.184

headgate   05.108

heading-and-bench mining   05.132

* heading-and-bench [driving me-
    thod]   04.077

* heading-and-overhand [driving me-
    thod]   04.077

heading machine   06.083

heading through   04.082

head lamp   07.025

head rope   06.181

head sheave   06.183

head water   09.100

health monitoring of equipment
    07.113

* health [mine] car   06.135

* heat sensitivity   04.268

heavy-duty pier   05.241

heavy medium   09.115

heavy medium separator   06.331

* heavy-weight tail rope   06.182

helical vane drum   06.025

* helicoid screw dryer   06.352

hemispherical temperature   09.376

hermetically sealed electrical apparatus
    07.062

high grade coal   09.296

highly-mineralized mine water

10.024

high pressure large diameter jet
    05.299

high rank coal   09.283

high-speed ploughing   06.078

hillside ditch   05.389

Hilt's rule   02.025

hindered falling   09.034

hindered settling   09.034

hoist drum   06.173

hoisting abundant factor   06.215

hoisting conveyance   06.195

hoisting signalling   07.146

hoisting unbalance factor   06.214

hoist tower   06.185

holding turns   06.190

hole depth   04.311

hole length   04.313

hole spacing   02.161

hole to bench edge distance   04.315

holing-through   04.082

holing-through survey   03.041

honeycomb briquette   09.226

horizon   05.044

horizon interval   05.045

* horizontal air compressor   06.296

[horizontal] drift   04.044

horizontal slicing   05.133

horse-shoe arch   04.205

horse-shoe set   04.194

hot-box briquette   09.223

hot briquetting   09.202

hot briquetting process   09.432

* hot briquetting process with gaseous
    thermo-carrier   09.432

* hot briquetting process with solid
    thermo-carrier   09.432

hot compressive strength   09.237

HT   09.376

humic acids   09.316

humic coal   02.029

humic-sapropelic coal   02.031

huminite   02.074

hydraulic breaker prop   05.241

* hydraulic classification   09.029

hydraulic coal mine   05.288

hydraulic coal mining   05.286

hydraulic coal mining technology
    05.287

hydraulic conveying   06.127

hydraulic flushing in hole   08.122

* hydraulic hammer drill   06.106

hydraulic haulage   06.048

hydraulic hoist   05.319

* hydraulic jigging   09.077

* hydraulic linkage   05.334

hydraulic loosening   05.456

hydraulic prop   05.237

* hydraulic shovel   06.257

hydraulic stowing   05.145

hydraulic stripping   05.451

hydraulic support   06.222

hydrogasification   09.469

hydrogenolysis   09.499

hydrogen shuttling   09.500

hydrogen transfer   09.500

hydrogeological condition   02.219

hydrogeological drilling   02.240

hydrogeological exploration   02.221

hydrogeological type of mine
    02.233

hydrogeophysical prospecting
    02.239

hydrophilic mineral   09.123

hydrophobic mineral   09.122

* hymatomalenic acid   09.316

hypautochthonous coal   02.008

I

J

jet　02.036
jet axis dynamical pressure　05.295
jet flotation machine　06.341
jet impact force　05.294
jet pump　06.283
jig　06.325

jig amplitude　09.104
jig area　09.111
jig bed　09.105
jig cell　09.113
jig compartment　09.112
jig frequency　09.103

jigging　09.077
jigging area　09.111
jigging chamber　06.329
jigging cycle　09.101
junction　04.050
junction arch　04.208

K

karst coal basin　02.138
karst collapse column　02.215
karst water filling deposit　02.225
kerf　06.031

kerogen shale　02.037
* keyed [head] sheave　06.183
200kg sample coke oven test　09.426
kiln-gas gasifier　09.486

Koepe hoisting　06.175
Koepe wheel　06.180
Kohlenhobel(德)　06.004
Koppers-Totzek gasifier　09.482

L

lacing pattern　06.030
ladder compartment　04.169
ladder-shaped support　04.191
ladder-shaped timber　04.191
ladder way　04.169
land deterioration in mining area
　10.006
land reclamation　10.008
land reclamation in mining area
　10.009
large coal　09.266
laser guide　03.039
* laser plumbing　03.008
late bearing prop　05.235
lateral logging　02.267
layer combustion　09.488
layout sheet of exploratory engineering
　02.196
leaching water from waste heap
　10.031
leading exploratory line　02.158
leading wire　04.288,　04.296
leakage current　07.103

leaky coaxial cable　07.176
leaky feeder　07.175
leaky feeder communication　07.174
lean coal　09.304
leg　04.199
leg wire　04.288
lemniscate linkage　06.252
length of flameproof joint　07.031
level interval　05.049
level loading　05.426
liberation of intergrown constituent
　09.072
lift　05.049
lifting bridge for inclined shaft
　04.161
lifting ram　06.071
* light-weight tail rope　06.182
lignite　01.009
limit angle　03.060
limited thickness extraction　05.284
limit grade　05.442
limit section　05.441
limnic coal-bearing series　02.113

line of least resistance　04.314
[line] pan　06.157
linkage　05.334
liptinite　02.067,　02.075
liptite　02.080
liptobiolith　02.033
liptodetrinite　02.073
liptofication　02.012
lithotype of coal　02.039
live turns　06.191
loaded constitution　04.321
loader　06.114
loading　05.419
loading density　04.324
loading factor　04.323
local control　06.241
local earthed electrode　07.087
local ventilation　08.033
location map　03.047
locked middlings　09.004
locked time　07.045
locomotive position transducer
　07.137

γ-γ logging 02.271
long flame coal 09.311
long induction loop 07.173
longitudinal efflux 05.453
longitudinal removal 05.409
longitudinal subdrift 05.081
longwall face 05.096
longwall mining on the strike
  05.122

longwall mining to the dip or to the
  rise 05.123
longwall mining with sublevel caving
  05.137
look for coal 02.144
loop transmission network 07.125
loop-type pit bottom 04.025
loss percentage 03.101
lot 09.242

loudspeaker paging 07.161
lower level loading 05.428
lower limit of separation 09.194
lower size 09.012, 09.057
low gaseous mine 08.110
low grade coal 09.298
low rank coal 09.281
low-temperature pyrolysis 09.414
Lurgi gasifier 09.480

M

maceral 02.052
maceral group 02.053
machine height 06.014
macrinite 02.063
macrolithotype of coal 02.044
magazine 04.040
Magnedat 04.284
magnetic separation 09.084
magnetic separator 06.335
magnetoelectric detonator 04.284
magnetometer 02.283
main access 05.385
main adit 04.009
main-and-tail [rope] haulage 06.168
main canopy 06.246
main coal-water rise 05.312
main coal-water roadway 05.311
main cross-cut 05.069
main dip 05.078
main fan 08.051
main haulage roadway 05.071
main haulageway 05.071
main pumping equipment 06.274
main pumping room 04.031
main return airway 05.074
main rise 05.077
main roadway 05.070
main roadway for single seam
  05.072
main roof 05.173
main rope 06.181
main shaft 04.016

main system of [underground] mine
  dispatching communication
  07.153
maintainable period of freezing wall
  04.096
maintaining roadway 04.054
major cross-section of subsidence trou-
  gh 03.058
major influence radius 03.069
man car 06.134
manhole 04.041
man way 04.049
Markscheidewesen(德) 01.023
masonry-lining 04.211
masonry support 04.183
master station 07.120
mat 05.179
maximum constructive height
  06.235
maximum contraction 09.402
maximum dilatation 09.401
maximum experimental safe gap
  07.034
maximum fluidity 09.397
maximum mine inflow 02.232
maximum non-firing current 04.285
maximum permitted gap 07.035
maximum reflectance of vitrinite
  02.086
maximum surface temperature
  07.083
maximum thickness of plastic layer

09.408
maximum water yield of mine
  02.232
maximum working height 06.237
Mayer curve 09.027
M-curve 09.027
meager coal 09.302
meager lean coal 09.303
mean load per unit cycle 05.256
measuring instrument 07.129
mechanical haulage 06.047
* mechanical shovel 06.257
mechanical stowing 05.143
mechanical ventilation 08.031
mechanism of coke formation
  09.420
1/2 medium caking coal 09.310
medium grade coal 09.297
medium rank coal 09.282
medium-sized coal 09.267
medium solid 09.117
medium structure 02.166
medium-thick seam 05.010
MESG 07.034
mesh 09.048
mesophase mechanism of coke forma-
  tion 09.421
meta-anthracite 09.294
meta-bituminous coal 09.290
meta-lignite 09.286
metallurgical coal 01.053
metallurgical coke 09.434

metal support   04.182

metamorphic zone of coal   02.027

methanation   09.471

methane alarm   08.087

methane-monitor breaker   08.090

methane transducer   07.130

method of exploration   02.152

MIC   07.075

micrinite   02.064

microhardness of coal   02.088

microlithotype of coal   02.076

micropetrological unit   02.052

middlings   09.163

mid-temperature pitch   09.444

millisecond blasting   04.342

millisecond connector   04.292

* millisecond delay electric detonator
   04.281

minable coal seam   02.097

mine   01.015

mine air   08.004

mine air conditioning   08.010

mine belt conveyor supervision
   07.117

[mine] car   06.132

mine construction   01.024

mine construction geology   02.203

mine drainage   02.238

* mine drum winder   06.171

mine dust   08.132

mine electric engineering   01.039

mine electrotechnics   01.039

mine environmental impact assessment
   10.037

mine environmental monitoring
   10.036

mine environmental planning
   10.038

mine field   01.014

* mine field boundary coal-pillar
   05.092

mine fire   08.156

mine flooding   08.182

* mine friction winder   06.171

mine gas   08.095

mine geophysical prospecting   02.279

mine haulage   01.037

mine hoist   06.171,   06.172

mine hoisting   01.038

mine hydrogeology   02.218

mine inflow   02.231

mine locomotive   06.142

mine map   03.046

mine mechanical engineering
   01.036

mine monitoring   07.110

* mine plant coal-pillar   05.092

mine plant construction engineering
   04.004

mine power supply system   07.002

mine productive supervision   07.115

mineral deposits geometry   03.085

mineralized froth   09.124

mine rescue communication   07.168

mine rescue team   08.176

mine safety   01.041

mine supervision   07.114

mine surface construction engineering
   04.003

mine survey   03.001

mine surveying   01.023

mine telephone set   07.188

mine track haulage supervision
   07.116

mine transportation   01.037

mine truck   06.271

mine ventilation   01.040,   08.002

mine water   10.023

mine water management   08.185

mine winch   06.167

mine winder   06.167, 06.171,
   06.172

mine yard plan   03.044

minimal curve radius   06.096

minimum burden   04.314

minimum constructive height
   06.236

minimum firing current   04.286

minimum igniting current   07.075

minimum igniting energy of methane
   07.077

minimum minable thickness   02.094

minimum workable thickness
   02.094

minimum working height   06.238

mining and stripping capacity of sur-
   face mine   05.449

mining area   01.013

mining area capacity   05.001

mining area communication   07.149

mining area hydrogeological map
   02.241

mining area main substation   07.003

mining area power supply system
   07.001

mining area water pollution   10.021

mining by areas   05.401

mining by stages   05.402

mining-district design   05.037

mining district survey   03.022

mining electrical apparatus for non-
   explosive atmospheres   07.064

mining-employed reserves   03.097

* mining-employed reserves of dist-
   rict   03.097

* mining-employed reserves of mine
   03.097

* mining-employed reserves of wor-
   king face   03.097

mining engineering plan   03.046

mining height   05.101

mining-induced environmental damage
   10.005

mining-induced fissure   05.185

mining-induced stress   05.157

mining level   05.047

mining panel survey   03.022

mining rock mechanics   01.031

mining sequence   05.400

mining starting line   05.105

mining subsidence   03.050

mining system engineering   01.032

mining under safe water pressure of
  aquifer   05.280
mire   02.006
miscellany rate   09.170
"mise-a-la-masse" method   02.252
misfire   04.354
misplaced material   09.168
mixed coal   09.264
* mixed flow pump   06.275
mixed lump coal   09.261
mixed medium-sized coal   09.262
mixed slack coal   09.263
mixer   04.112
* mobile air compressor   06.296
mobile communication   07.167
mode converter   07.186
model of mineral deposit   01.033
model of mining system optimization
  01.034
modified pitch   09.446
modifying agent   09.129

modifying agent for briquette
  09.215
moist ash-free basis   09.390
moist mineral-matter-free basis
  09.391
moisture holding capacity   09.322
moisture in air-dried coal   09.320
moisture in air-dried sample   09.324
molten bath gasification   09.462
molten bath gasifier   09.478
monitor   05.289
monitor efficiency   05.296
monitor flow   05.292
monitor jet   05.290
monitor jet overall efficiency   05.298
monitor productivity   05.293
monofilar mode   07.184
montan wax   09.517
mortar spraying   08.172
mosaic briquette   09.225
mountain surface mine   05.344

move switch   04.158
moving-bed gasification   09.459
mucking   04.155
muck loader   06.116
muck loading   04.155
mudcap blasting   04.339
mud flush   04.123
mud off   04.122
multi-bottom directional hole
  02.296
multi-bucket excavator   06.258
* multi-fluid grouting   04.108
multi-level hoisting   06.176
multi-level winding   06.176
multiple grouting   04.111
multiple heading   04.081
* multi-rope drum winding   06.174
* multi-rope friction hoisting
  06.175
* multi-stage air compressor   06.296
multi-stage hoisting   06.177

N

NATM   04.234
natural acceleration   06.204
natural arch   05.182
natural coke   02.038
natural deceleration   06.205
natural distribution of airflow
  08.014
natural propagation in an empty road-
  way   07.182
natural propagation in low conductance
  layer   07.181
natural ventilation   08.032
natural ventilation pressure   08.019
near-density curve   09.025
near-density material   09.026
near-gravity material   09.026
near-mesh particle   09.053

near-shaft control point   03.003
near-sized particle   09.053
* negative oxygen balance   04.270
negative pressure   08.017
negative pressure transducer   07.133
neritic coal-bearing series   02.114
net calorific value   09.344
nether roof   05.172
net positive suction head   06.293
net section   04.084
neutron logging   02.272
New Austrian Tunneling Method
  04.234
niche   05.104
nitroglycerine explosive   04.244
noise in coal mine   10.033
nominal yield of support   05.255

non-caking coal   09.313
non-chain-pillar entry protection
  05.263
non-coking coal   09.277
non-core drilling   02.300
Nonel   04.291
Nonel detonator   04.283
non-fuel use   09.510
non-full support   04.190
non-sparking electrical apparatus
  07.060
non-sparking metal   07.067
non-working slope   05.350
non-working slope face   05.352
NPSH   06.293
* nuclear logging   02.269

O

oblique cut   04.305

oblique longwall mining   05.136

oblique slicing   05.134

observation station of ground move-
    ment   03.056

occurrence of coal seam   02.098

off-pan shearer   06.010

oil immersed electrical apparatus
    07.058

oil mist separator   06.311

oil shale   02.037

one-web back system   06.232

* open-bottom pan   06.157

opencast explosive   04.241

opencast mining   01.029

opencast survey   03.026

open-circuit water supply   05.301

open-off cut   05.102

open-pit   05.343

open-pit ventilation   08.003

open-type winning sequence   05.306

operating organ   06.021

operational stripping ratio   05.368

optical fiber cable for mine   07.180

ore station   05.438

organic sulfur   09.349

orientation by shaft plumbing
    03.006

ortho-anthracite   09.293

ortho-bituminous coal   09.289

ortho-lignite   09.285

outcrop of coal seam   02.149

outflow test   02.235

outlet pressure of monitor   05.291

outstation   07.121

overall adiabatic efficiency   06.306

* overall compression ratio   06.301

overall isothermal efficiency   06.305

overall stage of [underground] mine
    construction   04.061

overall stripping ratio   05.364

overbreak   04.359

over breaking   09.070

overburden   05.362

overcasting   05.408

over crushing   09.070

over-drilling depth   04.312

overfall   06.200

overfall clearance   06.202

overfall distance   06.202

overfall height   06.202

overflow   09.155

overhand mining   05.131

overhead [rope] monorail   06.169

overlap   06.186

overlying strata   05.180

overpassing ploughing   06.078

overraise clearance   06.201

oversize   09.058,   09.069

oversize fraction   09.179

overspeed   06.203

over-the-roadway extraction
    05.119

overtravel   06.199

overwind   06.199

overwind distance   06.201

overwind height   06.201

oxidation zone   05.335

oxidized coal   09.278

ox-nose-like junction arch   04.210

oxygen balance   04.270

P

paleogeography of coal-bearing series
    02.118

* panel   05.052

panel design   05.037

para-anthracite   09.292

para-bituminous coal   09.288

parachute   06.198

paralic coal-bearing series   02.112

parallel advance   05.404

parallel network   08.047

parallel ventilation   08.035

partial extraction   05.281

partial freezing   04.089

partial roof fall   05.208

partial-size tunneling machine
    06.090

parting   02.104

partition coefficient   09.166

partition curve   09.171

partition density   09.188

partition size   09.175

party line telephone communication
    07.169

passable gradient   06.095

passage height under machine
    06.015

pea coal   09.269

peak of stripping   05.367

peat   02.001

peat bog   02.006

peatification   02.005

peat swamp   02.006

pedestrain way   04.049

* pendulous-bob plumbing   03.008

penetration   06.058

per-bituminous coal   09.291

percentage of open area　09.047

percussion drilling　02.301

percussion rock drill　06.106

percussive drill　06.099

percussive-rotary drilling　02.303

periodic weighting　05.223

periphery hole　04.299

permanent haulage line　05.434

permanent ramp　05.394

permanent supporting　04.224

permeability　08.128

permitted electric detonator for coal
　mine　04.282

permitted explosive for coal mine
　04.242

piano-wire screen　06.320

pick　06.027

pick arrangement　06.030

pierce through point junction arch
　04.209

pillar supporting method　05.195

pilot drifting method　04.076

pilot heading method　04.076

pilot hole of shaft　02.211

pilot shaft　04.071

pinch-out of coal seam　02.101

* pin-track type chainless haulage
　06.051

pioneer cut　05.392

pipe compartment　04.168

pipe effect　04.277

pipeline hydrotransport　05.318

pipe way　04.052

* piston air compressor　06.297

* piston pump　06.278

pit acceptance survey　03.027

pit bottom　04.024, 05.354

pit-bottom dispatching room　04.038

pit-bottom primary substation room
　04.036

pit-bottom waiting room　04.039

pitch coke　09.436

pitching seam　05.014

pit deepening　05.406

pit-head shed　04.151

pit limit　05.346

pit-limit stripping ratio　05.365

pit mine　05.345

pit slope　05.347

pit tub　06.132

plain detonator　04.280

plane sliding　05.465

plantation in mining area　10.013

plastic mass　09.413

plastic material from coal　09.514

plastic mechanism of coke formation
　09.422

plastic property　09.393

plastometer indices　09.407

plastometric shrinkage　09.410

plough　06.004

plough chain　06.067

plough cutter　06.068

plough guide　06.070

plough head　06.066

ploughing depth　06.074

ploughing resistance　06.076

ploughing speed　06.075

plow　06.004

plugged crib　04.215

* plunger pump　06.278

pneumatic caisson method　04.134

pneumatic cleaning　09.082

pneumatic conveying　06.126

* pneumatic hammer drill　06.106

* pneumatic jigging　09.077

pneumatic pick　06.103

pneumatic stowing　05.144

pneumoconiosis　08.144

pocket shot　04.337

polished grain mount　02.084

pore water filling deposit　02.223

porosity　09.362

porosity of jig bed　09.107

* positive oxygen balance　04.270

positive pressure　08.018

post　04.199

post-reaction strength　09.438

powder factor　04.327

* powder [mine] car　06.135

powdery　09.337

powered support　06.222

power screen　06.320

[power] shovel　06.257

practical supporting capacity　05.251

predicted resources　02.188

prediction of coke strength　09.427

prediction of spontaneous combustion
　08.181

pre-grouting from the drifting or sin-
　king face　04.105

pre-grouting from the surface
　04.104

pre-grouting from the working face
　04.105

preheated-air inlet　04.053

preliminary breaking　09.065

preliminary exploration　02.146

preliminary screening　09.036

preliminary surface mine design
　05.022

preliminary [underground] mine
　design　05.021

premature explosion　04.356

preparability　09.014

preparation in district　05.051

preparation of blended raw coals
　09.091

preparation of deslimed raw coal
　09.095

preparation of grouped raw coals
　09.092

preparation of materials　05.415

preparation of sized raw coal　09.094

preparation of unsized raw coal
　09.093

preparation roadway　05.062

preparation stage of [underground]
　mine construction　04.058

prepared reserves　03.095

preshearing　04.336

presplitting blasting　04.336

press-in strength 05.257

pressure balance chamber 08.173

pressure balance for air control 08.165

pressure bump 05.232

pressure filter 06.351

pressure filtration 09.140

pressure of freezing wall 04.098

pressure piling 07.078

pressure test 07.038

pressurized electrical apparatus 07.057

* pressurized fluidized-bed combustion boiler 09.491

prevention of mine water 08.185

primary cleaning 09.087

primary coking coal 09.305

primary explosive 04.254

* primary humic acid 09.316

primary slime 09.146

primer [cartridge] 04.318

probability screen 06.319

probability screening 09.040

probe drilling system 06.101

process flowsheet of coal preparation 09.008

producer gas 09.472

production scale of [underground] mine 05.007

production well 05.333

production well capacity 05.341

productive exploration 02.209

productive geology 02.204

profitable thickness 02.095

prognostic resources 02.188

promoter 09.127

propagation angle 03.067

prop density 05.247

prop drawing 05.196

prop-free front distance 05.204

* prop-pulling winch 06.167

prop-setting angle 05.238

prospective reserves 02.189

protected seam 08.124

protecting device for belt riding 07.145

protection stage 04.178

protective bulkhead 04.179

protective rock plug 04.177

protective seam 08.123

Protodyakonov coefficient 05.187

proved reserves 02.192

proximate analysis of coal 09.318

pulley 06.149

pulling chain 06.052

pulp 09.137

pulp preprocessor 06.343

pulverized coal boiler 09.492

pulverized coal firing boiler 09.492

pulverizing 09.071

pump capacity 06.284

pump characteristic curve 06.294

pump effective power 06.287

pump efficiency 06.289

* pump operating point 06.294

pump output power 06.287

pump shaft power 06.288

purification of drilling mud 04.124

pusher jack 06.163

* push sumping 06.059

* pyrotomalenic acid 09.316

Q

* quenching [mine] car 06.135

R

rack track car 06.144

rack track locomotive 06.144

* rack-track type chainless haulage 06.051

* radial flow pump 06.275

* radial pick 06.027

radial ventilation 08.044

radioactivity logging 02.269

* radio-frequency sensitivity 04.268

radio penetration method 02.255

* rail guide 04.163

raise 05.075

raise-boring machine 06.087

raising 04.174

rake thickener 06.353

ram 06.139

ramp 05.393

ramp pan 06.158

ramp plate 06.161

random reflectance of vitrinite 02.087

[range of] lift 06.285

ranging arm 06.039

ratio of briquetting 09.216

raw coal 09.002

raw gas 09.439

Rayleigh wave detection method 02.263

γ-ray logging 02.270

reactivity of coal 09.451

rear abutment pressure 05.165

rear haulage 06.073

* reciprocating air compressor 06.296, 06.297

reciprocating mining 05.058

reciprocating pump 06.278

recirculating air 08.042

recirculation cleaning 09.089

reclamation of mine water 10.027

recleaning　09.088

reconnaissance　02.145

recovery　09.169

recovery efficiency　09.192

recovery ratio　03.100

recovery ratio of compressive strength
　after immersion　09.235

rectangle support　04.192

reduction ratio　09.067

reduction zone　05.336

reference coal sample　09.253

reference pressure　07.037

reflectance of coal maceral　02.085

reflection survey　02.258

refraction survey　02.259

refuge chamber　08.180

refuge pocket　04.041

refuse　01.011

refuse content　09.274

refuse heap　04.154

regenerated roof　05.179

regime of agent　09.132

regional geological map　02.194

regional magmatic-heat metamorp-
　hism of coal　02.020

regular coal seam　02.170

regularity of coal seam　02.169

regularly caving zone　05.218

regulation of agent　09.132

regulator　09.129

reinforced-concrete support
　04.185

Reißhakenhobel(德)　06.063

relative gas emission rate　08.106

remote methane monitor　08.089

remote-sensing geology　02.280

* repair [mine] car　06.135

replicate sampling　09.243

required airflow　08.012

* rescue [mine] car　06.135

reserve factor of mine reserves
　05.029

reserves estimation map　02.201

reserves management　03.092

reserve way　04.051

residual gas　08.099

resinite　02.070

resistivity logging　02.266

resistivity method　02.248

resistivity profiling　02.249

resistivity sounding　02.250

resonance screen　06.318

respirable dust　08.137

respirator　08.177

resuscitator　08.178

retarder　06.137,　08.168

retreating mining　05.057

return airflow　08.016

return airway　05.109

reversal point method　03.013

reverse circulation core drilling
　02.309

reverse circulation drilling　02.308

revolving mining　05.118

rewashing　09.088

rib spalling　05.214

riffle　09.259

rigid structure measure　03.078

rigid support　04.188

* ring spacing　04.310

ring-type briquetting machine
　06.357

ring-type press briquetting　09.204

rise　05.075

roadheader　06.083

road-heading machinery　06.082

road railer　06.170

roadside packing　05.269

roadside support　05.268

roadway　04.043

roadway cut-off frequency　07.183

* roadway man car　06.134

roadway reduction ratio　05.262

roast briquette　09.224

rockbolt　04.227

rock burst　05.232

rock cohesion　05.188

rock deformation pressure　05.168

rock drift　04.046

rock drillability　02.292

rock dust　08.134,　08.152

rock dust barrier　08.153

rock explosive　04.240

rock loader　06.116

rock plug　04.114

rock pressure [in mine]　05.152

Roga index　09.405

roller briquetting machine　06.358

roller curve conveyor　06.153

roller press briquetting　09.205

roll steering　06.020

ROM　09.001

r.o.m. coal　09.001

roof　05.169

roof bar　04.198

roofbolter　06.102

roof bolting with bar and wire mesh
　05.267

roof caving　05.215

roof caving angle　05.216

roof control　05.191

roof fall　05.205

roof flaking [in tip-to-face area]
　05.212

roof flaking ratio　05.206

roof hole　04.301

roof pressure　05.221

roof rebound　05.227

roof ripping　05.272

roof stability　05.174

roof station　03.020

roof step　05.228

roof timber　04.198

roof-to-floor convergence　05.225

roof-to-floor convergence ratio
　05.226

roof weakening　05.229

room　05.126

room and pillar mining　05.128

room mining　05.127

root clay　02.105

* rotary air compressor　06.296

rotary breaker　06.324

rotary car dumper　06.141

rotary drilling　02.302

rotary dump room　04.029

row spacing　04.310

rubber-sheathed flexible cable for mine　07.018

rubber-tyred car　06.143

rubber-tyred locomotive　06.143

* rubber-tyred shuttle car　06.133

run-around ramp　05.397

run-of-mine　09.001

S

safe distance　07.104

safety barrier　07.055

safety berm　03.076,　05.382

safety braking　06.208

safety catcher　06.198

safety current　07.098

safety current of detonator　04.287

safety distance by sympathetic detonation　04.275

safety extra-low voltage　07.096

safety fuse　04.289

safety gap distance　04.275

safety impedance　07.102

safety ladder　04.148

safety pillar under water-bodies 03.083

safety water head　05.279

safety winch　06.056,　* 06.167

sagging zone　03.053

sample for commercial coal　09.249

sampling　09.240

sampling unit　09.241

sand filled electrical apparatus 07.059

sandfilling chamber　05.146

saprofication　02.013

sapropel　02.002

sapropelic coal　02.030

sapropelic-humic coal　02.032

satellite hole　04.300

sclerotinite　02.065

scraper　06.270

scraper bucket　06.118

scraper chain　06.159

scraper conveyor　06.151

scraper loader　06.117

* scraper winch　06.167

screen　06.312

screenable particle　09.054

screen analysis　09.050,　09.357

screen aperture　09.042

screen-bowl centrifuge　06.347

screen deck　09.041

screening　09.035

screening efficiency　09.046

screening with constant bed thickness 09.039

screen nominal area　09.045

screen overflow　09.060

screen surface　09.041

screen underflow　09.061

screw drum　06.025

screw extruding briquetting　09.206

screw pump　06.277

seal box briquette　09.221

sealed fire area　08.163

sealing off mine water　08.188

sealing of hole　02.297

search for coal　02.144

secondary explosive　04.255

* secondary humic acid　09.316

secondary slime　09.147

* second delay electric detonator 04.281

sedimentary cycle in coal-bearing series　02.117

sedimentary facies of coal-bearing series　02.116

sedimentary model of coal　02.110

sedimentary system of coal-bearing series　02.119

sediment draining-out with compressed-air　04.137

seismograph　02.286

seive bend　06.315

selective call　07.158

selective crushing　09.075

selective earth leakage protection 07.100

selective roadheader　06.090

self-potential logging　02.268

self-potential method　02.251

self-rescuer　08.179

SELV　07.096

semibright coal　02.046

semi-circular arch　04.204

semiconcealed coalfield　02.129

semi-continuous mining technology 05.413

semidull coal　02.047

semifusinite　02.062

semi-permanent haulage line　05.435

semivitrinite　02.059

sensitivity　04.268

sensitizer　04.257

sensitizing agent　04.257

sensor　07.126

separate airflow　08.041

separate transport and hoisting 05.321

separate ventilation　08.035

separating medium　09.096

sequential control　06.243

series network　08.046

series ventilation　08.036

service braking　06.207

set lagging　04.200

setting load　05.248

setting load density　05.249

setting-out of center line of roadway 03.037

U

07.091

underground radio communication
07.170

[underground] room   04.027

underground survey   03.017

underground thermal pollution
10.035

underground ventilation   01.040

underlap   06.187

underneath clearance   06.015

underscreen water   09.098

undersize   09.059

undersize fraction   09.178

unit advance of monitor   05.308

unit project   04.056

unloading coefficient of hoisting con-
veyance   06.219

unshot toe   04.350

up digging   05.424

upgrading   09.516

upper-ignition honeycomb briquette

09.227

upper level loading   05.427

upper size   09.056

upward grouting   04.109

upward mining   05.059

upward shaft deepening method
04.173

usable reserves   02.181

useless reserves   02.182

U-shaped support   04.194

V

vacuum filter   06.349

velocity pressure of fan   08.021

ventilating shaft   04.021

ventilation efficiency   08.074

ventilation map   08.050

ventilation network map   08.049

ventilation pressure map   08.023

ventilation resistance   08.024

* vertical air compressor   06.296

vertical lifting wheel separator
06.333

[vertical] shaft   04.006

vertical shaft development   05.039

vertical steering   06.019

very low grade coal   09.299

vibrating screen   06.317

vibrating screen with constant bed thi-
ckness   06.322

* Vickers' hardness   02.088

virgin rock [mass]   05.154

visual impact in mining area   10.034

vitrain   02.040

vitrinertite   02.082

vitrinite   02.055

vitrite   02.077

vitrodetrinite   02.058

volatile matter   09.328

volume curve of plastic layer   09.409

volume ratio of train to dipper
05.432

volume ratio of truck to dipper
05.432

voluminal volatile matter   09.339

vortex sieve   06.316

W

walking support   06.231

wall   05.100

[wall] crib   04.214

wall for grouting   04.116

walling crib   04.219

washability   09.014

washability curves   09.020

washbox   06.325

washery   09.005

washout   02.106

waste   01.011, 05.107, 05.362

waste disposal   10.032

waste dump   04.154

waste heap reclamation   10.011

waste pack   05.270

waste shaft   04.022

waste station   05.437

water-based explosive   04.248

water-bearing explosive   04.248

water-blocking in mine   08.188

water bursting coefficient   08.184

water bursting in mine   08.183

water conducted zone   03.082

* water-cooled air compressor
06.296

water curtain   08.150

water distribution drift   04.034

water door   08.186

water filling channel   02.230

water filling of mine   02.226

water filling source   02.229

water gas   09.473

water-gas shift   09.468

water gel [explosive]   04.250

water hammer   06.295

water infusion blasting   04.340

water jet efficiency   05.297

water jet fan   08.054

water [proof] dam   08.187

water prospection of mine   02.234

water resistance   09.236

water resources deterioration in mining
area   10.007

water source of flooding to mine
02.229

汉 文 索 引

A

B

本架控制 06.241
本质安全电路 07.046
本质安全连接装置 07.050
本质安全型电池组 07.052
本质安全型电气设备 07.047
本质安全型电气设备或关联电气设
　备的等级 07.049
＊泵的工况点 06.294
＊泵输出功率 06.287
泵特性曲线 06.294
泵效率 06.289
泵有效功率 06.287
泵轴功率 06.288
＊比较比重 09.189
＊比重级 09.018
＊比重曲线 09.024
＊比重±0.1曲线 09.025
＊比重组成 09.019
闭路供水 05.300
闭式落煤顺序 05.307
＊壁后充填 05.271
壁后触变泥浆沉井法 04.133
[壁]后注浆 04.106
＊壁龛 05.104
壁座 04.219
避难硐室 08.180

边帮安全系数 05.459
边帮加固 05.469
边帮监测 05.470
边帮角 05.353
边帮破坏 05.460
边帮稳定性 05.458
边帮稳定性监测 03.028
＊边界灰分 09.184
边界角 03.060
＊边坡 05.347
＊边坡角 05.353
＊边坡稳定系数 05.459
＊边双链刮板链 06.159
＊扁截齿 06.027
变送器 07.128
变位质量 06.213
变形温度 09.374
变形压力 05.168
＊标准槽 06.157
标准煤 01.050
标准煤样 09.253
标准筛 09.049
＊并联通风 08.035
并联网络 08.047
＊波状坳陷型聚煤盆地 02.139
剥采比 05.363

剥采比均衡 05.369
剥离 05.361
[剥离]倒堆 05.407
剥离高峰 05.367
剥离物 05.362
剥离站 05.437
＊捕集剂 09.127
捕收剂 09.127
＊补偿沟 03.081
不分级入选 09.093
不规则垮落带 05.217
＊不规则冒落带 05.217
＊不耦合装药 04.321
不膨胀熔融粘结 09.333
不平衡提升 06.179
不取心钻进 02.300
不熔融粘结 09.334
＊不完全爆炸 04.355
不完全支架 04.190
不完善度 09.191
＊不完整度 09.191
不稳定煤层 02.172
不粘煤 09.313
部分断面掘进机 06.090
部分开采 05.281

C

＊擦顶移架 06.240
＊材料车 06.132
采剥工程断面图 03.048
采剥工程综合平面图 03.049
＊采场 05.094
采场延深 05.406
采场验收测量 03.027
采出率 03.100
采动裂隙 05.185
采动系数 03.075
采动应力 05.157
采段 05.313
采段溜煤巷 05.314
采段溜煤上山 05.315
采垛 05.304

采垛角 05.305
采高 05.101，＊06.016
＊采厚 05.101
＊采掘 05.419
采掘带 05.420
采掘工程平面图 03.046
采掘区 05.421
采空区 05.107
采宽 05.422
采矿系统工程 01.032
采矿系统优化模型 01.034
采矿岩石力学 01.031
采矿站 05.438
采煤 01.025
采煤方法 05.093

采煤工艺 05.095
＊采煤工作面 05.094
采煤工作面测量 03.025
采煤工作面监控 07.118
＊采煤巷道 05.063
采煤机 06.005
采煤机位置传感器 07.136
采煤机械 06.001
采煤联动机 06.013
采煤学 01.027
采区 05.052
采区变电所 07.014
采区测量 03.022
采区车场 05.088
＊采区动用储量 03.097

G

H

J

L

拉铲[挖掘机] 06.261
*拉紧装置 06.162
*老顶 05.173
*老塘 05.107
老窑水 02.222
雷管 04.279
*类脂组 02.075
冷冻站 04.153
冷煤气效率 09.465
冷却器 06.309
冷压成型 09.201
冷压[型]焦工艺 09.431
离层 05.181
离层带注浆充填 05.285
离地间隙 06.097
离心强度 09.142
离心[式水]泵 06.275
离心[脱水]机 06.344
*离心系数 09.142
离心选煤 09.083
*离心因素 09.142
离子交换[型]炸药 04.253
理论产率 09.181
理论分级粒度 09.173
*理论分选比重 09.185
理论分选密度 09.185
理论灰分 09.182
*立即支护支架 06.232
立井 04.006
立井定向 03.005
立井开拓 05.039
立井施工测量 03.031
立井十字中线标定 03.030
立井中心标定 03.029
*立井钻机 06.085
立轮[重介质]分选机 06.333
*立式空压机 06.296
立柱 04.199
粒度 09.010
粒度分析 09.357

*粒度特性 09.051
粒度特性曲线 09.052
粒度组成 09.051
粒级 09.055
粒级煤 09.273
粒级上限 09.056
粒级下限 09.057
粒煤 09.269
沥青焦 09.436
联合支护 04.226
联络巷 05.090
联系测量 03.004
连接三角形法 03.011
连续采煤机 06.008
连续开采工艺 05.412
*连续装药 04.321
*链板运输机 06.151
*链槽 06.157
链斗挖掘机 06.263
*链轨式无链牵引 06.051
链牵引 06.050
链式炉箅锅炉 09.494
*链式爬车机 06.140
*链条炉排锅炉 09.494
炼焦煤 09.276
炼焦用煤 09.275
*梁端距 05.203
梁窝 04.220
两段气化炉 09.477
*两级空压机 06.296
亮煤 02.041
裂缝角 03.062
裂隙充水矿床 02.224
*裂隙带 03.052
*烈性炸药 04.255
临界变形值 03.059
*临界/超临界开采 03.071
临界滑面 05.468
临界直径 04.272
*临近系数 04.308

*临空面 04.353
临时短道 04.157
*临时支承压力 05.164
临时支护 04.223
邻架控制 06.242
*邻近密度曲线 09.025
邻近密度物 09.026
*零氧平衡 04.270
*溜槽 06.157
溜井 05.065
溜煤石门 05.316
*溜洗槽选煤 09.079
溜眼 05.066
*溜子 06.151
硫化物硫 09.352
硫酸盐硫 09.353
*留硫爆破 04.346
流槽选煤 09.079
流动温度 09.377
流化床锅炉 09.491
流化床气化 09.460
流化床燃烧 09.489
流量 06.284
漏电保护 07.099
漏电闭锁 07.101
漏顶 05.213
*漏斗式采煤法 05.303
漏风 08.069
漏泄电缆的传输损耗 07.177
漏泄电缆的耦合损耗 07.178
漏泄馈线 07.175
漏泄通信 07.174
漏泄[同轴]电缆 07.176
鲁奇气化炉 09.480
露天采场 05.343
[露天采场]边帮 05.347
[露天采场]底面 05.354
露天采矿机 06.264
露天采矿学 01.030
*露天掘场 05.343

M

185

*煤玉 02.036
煤预热处理 09.430
*煤中痕量元素 09.370
煤中微量元素 09.370
煤中有害元素 09.371
煤柱 05.092
煤柱支撑法 05.195
*煤砖 09.219
煤砖光片 02.084
煤转化 01.047
煤组 02.109
*蒙旦蜡 09.517
猛度 04.269
猛炸药 04.255
*密闭 08.080
密度级 09.018

密度曲线 09.024
密度组成 09.019
面抗压强度 09.231
瞄直法 03.010
*秒延期电雷管 04.281
*敏感剂 04.257
敏感器 07.126
*敏感元件 07.126
敏化剂 04.257
明槽水力运输 05.317
模[式]转换器 07.186
磨砺性系数 06.037
*磨蚀性系数 06.037
磨碎 09.071
*磨损性系数 06.037

*摩擦感度 04.268
摩擦轮 06.180
*摩擦轮运输绞车 06.167
摩擦圈 06.190
摩擦式提升 06.175
*摩擦式提升机 06.171
*摩擦式提升绞车 06.172
摩擦选煤 09.085
摩擦支柱 05.236
摩擦阻力 08.025
摩擦阻力系数 08.027
末煤 09.270
*木罐道 04.163
*木井架 06.184
木支架 04.181

N

耐水性 09.236
*难粒 09.053
难筛粒 09.053
内部沟 05.387
内部排土场 05.372
内陆型含煤岩系 02.113
内喷雾 06.053
内牵引 06.045
内因火灾 08.158
内在灰分 09.327
内在水分 09.320
能利用储量 02.181

泥化 09.148
泥浆泵 06.279
泥浆护壁 04.122
泥浆净化 04.124
*泥浆钻孔冲洗液 02.311
*泥煤 02.001
泥炭 02.001
泥炭化作用 02.005
泥炭沼泽 02.006
*逆排矸 09.110
逆向冲采 05.452
逆转点法 03.013

粘结剂改性 09.211
*粘结剂活化 09.211
粘结性 09.395
粘结指数 09.404
凝胶化作用 02.010
凝聚剂 09.156
牛鼻子硐岔 04.210
*诺内尔管 04.291
浓缩 09.151
浓缩浮选 09.134
暖风道 04.053
暖盒型煤 09.223

O

*耦合装药 04.321

P

爬车机 06.140
爬道 04.156
爬底板采煤机 06.010
爬电距离 07.065
爬罐 04.176

*爬链 06.140
耙斗 06.118
*耙斗装煤机 06.117
耙斗装载机 06.117
*耙矿绞车 06.167

耙式浓缩机 06.353
*耙矸机 06.117
排气量 06.298
排气压力 06.299
排水电耗 07.022

Q

R

S

W

X